江苏省“十四五”时期重点出版物出版专项规划项目
南水北调后续工程高质量发展·大型泵站标准化管理系列丛书

电气试验
作业指导书

DIANQI SHIYAN ZUOYE ZHIDAOSHU

南水北调东线江苏水源有限责任公司◎编著

河海大学出版社
HOHAI UNIVERSITY PRESS
·南京·

图书在版编目(CIP)数据

电气试验作业指导书 / 南水北调东线江苏水源有限责任公司编著. -- 南京 : 河海大学出版社，2022.2(2024.1重印)
(南水北调后续工程高质量发展·大型泵站标准化管理系列丛书)
ISBN 978-7-5630-7380-1

Ⅰ.①电… Ⅱ.①南… Ⅲ.①南水北调－泵站－电气设备－电工试验－标准化管理 Ⅳ.①TV675－65

中国版本图书馆CIP数据核字(2021)第270834号

书　　名 电气试验作业指导书
书　　号 ISBN 978-7-5630-7380-1
责任编辑 彭志诚　王　敏
特约校对 薛艳萍　董　瑞
装帧设计 徐娟娟
出版发行 河海大学出版社
地　　址 南京市西康路1号(邮编:210098)
网　　址 http://www.hhup.cm
电　　话 (025)83737852(总编室)
(025)83722833(营销部)
经　　销 江苏省新华发行集团有限公司
排　　版 南京布克文化发展有限公司
印　　刷 广东虎彩云印刷有限公司
开　　本 787毫米×1092毫米　1/16
印　　张 11.75
字　　数 282千字
版　　次 2022年2月第1版
印　　次 2024年1月第2次印刷
定　　价 92.00元

丛书编委会

电气试验作业指导书

本册主编 莫兆祥 王兆军

副 主 编 乔凤权 孙 涛 张鹏昌

编写人员 刘 钊 杨文涛 罗恒亮 祁 洁 周晨露
卞新盛 王希晨 刘 菁 陈永波 贾 璐
吴志峰 俞 瑾 曾令炜

序

我国人多水少，水资源时空分布不均，水资源短缺的形势十分严峻。20世纪50年代，毛泽东主席提出了“南水北调”的宏伟构想，经过了几十年的勘测、规划和研究，最终确定在长江下、中、上游建设南水北调东、中、西三条调水线路，连接长江、淮河、黄河、海河，构成我国水资源“四横三纵、南北调配、东西互济”的总体格局。2013年11月15日南水北调东线一期工程正式通水，2014年12月12日南水北调中线一期工程正式通水，东中线一期工程建设目标全面实现。50年规划研究，10年建设，几代人的梦想终成现实。如今，东中线一期工程全面通水7年，直接受益人口超1.4亿。

近年来，我国经济社会高速发展，京津冀协同发展、雄安新区规划建设、长江经济带发展等多个区域重大战略相继实施，对加强和优化水资源供给提出了新的要求。习近平总书记分别于2020年11月和2021年5月两次调研南水北调工程，半年内从东线源头到中线渠首，亲自推动后续工程高质量发展。“南水北调东线工程要成为优化水资源配置、保障群众饮水安全、复苏河湖生态环境、畅通南北经济循环的生命线。”“南水北调工程事关战略全局、事关长远发展、事关人民福祉。”这是总书记对南水北调工程的高度肯定和殷切期望。充分发挥工程效益，是全体南水北调从业者义不容辞的使命。

作为南水北调东线江苏段工程项目法人，江苏水源公司自2005年成立以来，工程建设期统筹进度与管理，突出管理和技术创新，截至目前已有8个工程先后荣获“中国水利优质工程大禹奖”，南水北调江苏境内工程荣获“国家水土保持生态文明工程”，时任水利部主要领导给予“进度最快、质量最好、投资最省”的高度评价；工程建成通水以来，连续8年圆满完成各项调水任务，水量、水质持续稳定达标，并在省防指的统一调度下多次投入省内排涝、抗旱等运行，为受涝旱影响地区的生产恢复、经济可持续发展及民生福祉保障提供了可靠基础，受到地方政府和人民群众的高度肯定。

多年的南水北调工程建设与运行管理实践中，江苏水源公司积累了大量宝贵的经验，形成了具有自身特色的大型泵站工程运行管理模式与方法。为进一步提升南水北调东线江苏段工程管理水平，构建更加科学、规范、先进、高效的现代化工程管理体系，江苏水源公司从 2017 年起，在全面总结、精炼现有管理经验的基础上，历经 4 年精心打磨，逐步构建了江苏南水北调工程"十大标准化体系"，并最终形成这套丛书。十大标准化体系的创建与实施，显著提升了江苏南水北调工程管理水平，得到了业内广泛认可，已在诸多国内重点水利工程中推广并发挥作用。

加强管理是工程效益充分发挥的基础。江苏水源公司的该套丛书作为"水源标准、水源模式、水源品牌"的代表之作，是南水北调东线江苏段工程标准化管理的指导纲领，也是不断锤炼江苏南水北调工程管理队伍的实践指南。管理的提升始终在路上，真诚地希望该丛书出版后能得到业内专业人士的指点完善，不断提升管理水平，共同成就南水北调功在当代、利在千秋的世纪伟业。

中国工程院院士：谭洪武

2022年元月

目录

1 范围

本指导书适用于南水北调东线江苏水源有限责任公司辖管泵站电气预防性试验工作，类似工程可参照执行。

2 规范性引用文件

下列文件对于本文件的应用是必不可少的。凡是注日期的引用文件，仅注日期的版本适用于本文件。凡是不注日期的引用文件，其最新版本(包括所有的修改单)适用于本文件。

GB 26860 电力安全工作规程　发电厂和变电站电气部分

GB 11120 涡轮机油

GB/T 7595　运行中变压器油质量

GB 11118.1　液压油

DL/T 596　电力设备预防性试验规程

DL/T 995 继电保护和电网安全自动装置检验规程

DL/T 1473 电测量指示仪表检定规程

DL/T 1476 电力安全工器具预防性试验规程

NSBD 16—2012 南水北调泵站工程管理规程(试行)

3 术语

3.1 预防性试验　Preventive test

为了发现运行中设备的隐患，预防发生事故或设备损坏，对设备进行的检查、试验或监测，也包括取油样或气样进行的试验。

3.2 绝缘电阻　Insulance

在绝缘结构的两个电极之间施加的直流电压值与流经该对电极的泄漏电流之比。常用兆欧表直接测得绝缘电阻值。本规范中，若无说明，均指加压 1 min 时的测得值。

3.3 吸收比　Absorption ratio

在同一次试验中，1 min 的绝缘电阻值与 15s 时的绝缘电阻值之比。

3.4 极化指数　Polarization index

在同一次试验中，10 min 时的绝缘电阻值与 1 min 时的绝缘电阻值之比。

3.5 电力变压器　Power transformer

具有两个或多个绕组的静止设备，为了传输电能，在同一频率下，通过电磁感应将一个系统的交流电压和电流转换为另一个系统的电压和电流，通常这些电流和电压的值是不同的。

3.6 微机保护 Microcomputer protection

用微型计算机构成的继电保护。

3.7 智能仪表 Intelligent instrument

以微型计算机(单片机)为主体，将计算机技术和检测技术有机结合，组成的新一代"智能化仪表"。

3.8 接地线 Ground wire

电气装置、设施的接地端子与接地极连接用的金属导电部分。

3.9 本书所用的符号

U_n 设备额定电压；

U_0/U 电缆额定电压(其中 U_0 为电缆导体与金属套或金属屏蔽之间的设计电压，U 为导体与导体之间的设计电压)；

$U_{1\,mA}$ 避雷器直流 1 mA 下的参考电压；

$tg\delta$ 介质损耗因数；

I_e 额定电流。

4 试验作业

4.1 六氟化硫封闭式组合电器(GIS)

4.1.1 绝缘电阻测量(试验原理详见附录 E，其他同)

(1) 试验仪器

3125 绝缘电阻测试仪。

(2) 试验接线

如图 1 所示。

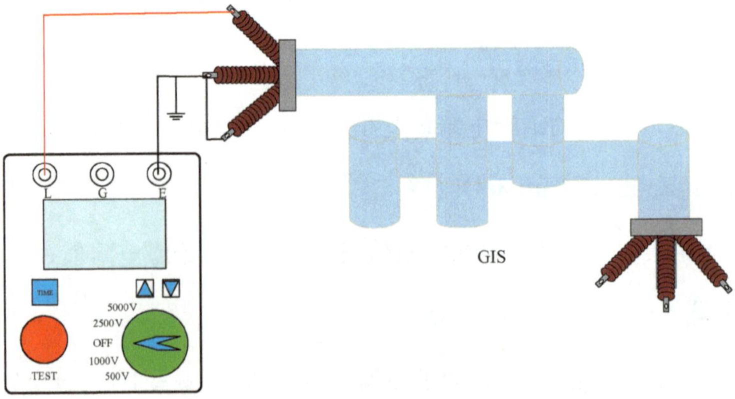

图 1 GIS 绝缘电阻测量

(3) 试验步骤

① 合上 GIS 相关刀闸、断路器,形成连通回路,将 GIS 终端充分接地放电;

② 按图 1 所示连接试验回路;

③ 接通测试仪电源,选择电压挡位 2 500 V,按下测试按钮开始测量;

④ 待测量数据稳定后,记录试验结果(格式见附录 F,其他同);

⑤ 测试结束,待仪器自动充分放电后,拆除试验回路,恢复原刀闸、断路器状态。

(4) 试验标准

应符合制造厂规定。

4.1.2 导电回路电阻测量

(1) 试验仪器

JYL 回路电阻测试仪。

(2) 试验接线

如图 2 所示。

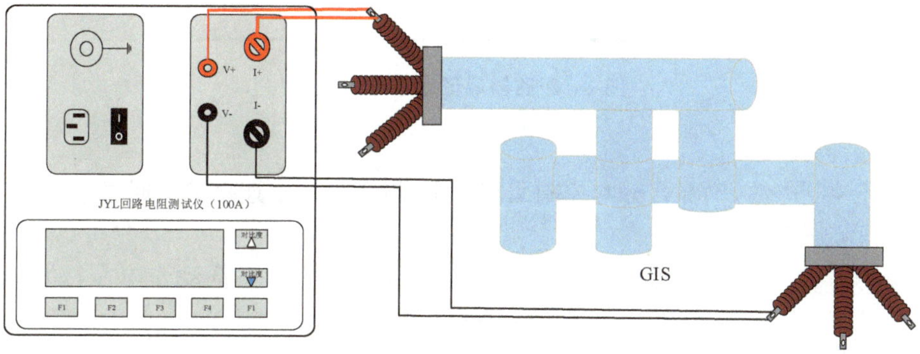

图 2 GIS 导电回路测量

(3) 试验步骤

① 合上 GIS 相关刀闸、断路器,形成连通回路;

② 按图 2 所示连接试验回路;

③ 接通测试仪电源,选择适当的电流测试挡位,开始测量;

④ 待充电电流及测试数据稳定后记录试验结果;

⑤ 按下复位键,待仪器充分放电后断开电源;

⑥ 测试结束,拆除试验回路,恢复原刀闸、断路器状态。

(4) 试验标准

应不大于出厂试验值的 110%。

4.1.3 断路器最低动作电压测试

(1) 试验仪器

HDKC-800 开关动特性测试仪。

（2）试验接线

如图3所示。

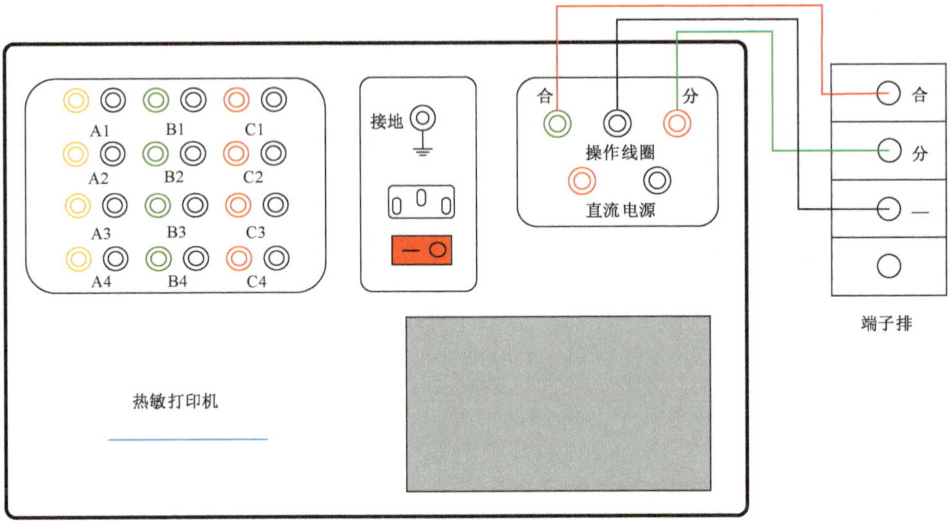

图3　断路器最低动作电压测试

（3）测量步骤

① 断开控制电源，确保合分闸控制回路无电，按图3所示连接试验回路；

② 接通测试仪电源；

③ 合闸测试，确保断路器处于分闸状态，选择测试类型：最低动作电压，动作类型：合闸，起始电压：60 V，步进电压：1 V，时间：1 s；

④ 点击“开始”，待断路器合闸，记录动作电压；

⑤ 分闸测试，确保断路器处于合闸状态，选择测试类型：最低动作电压，动作类型：分闸，起始电压：60 V，步进电压：1 V，时间：1 s；

⑥ 点击“开始”，待断路器分闸，记录动作电压；

⑦ 测试结束后，拆除试验回路，并恢复断路器控制电源。

（4）试验标准

分闸最低动作电压值应在操作电压额定值的30%～65%；

合闸最低动作电压值应在操作电压定值的30%～85%。

4.1.4　SF_6 气体湿度测试

（1）试验仪器

GDWS-Ⅱ SF_6 微水测量仪。

（2）试验接线

如图4所示。

（3）试验步骤

① 按图4所示先将排气管与仪器出气口联接，并将排气管另一端伸出室外；

② 选择与被测气室压力表检测接口相匹配的转接头，并将其与进气管一端联接；

③ 先将被测气室压力表通气闸阀关闭，然后再将转接头与检测接口联接；

④ 将进气管另一端与仪器进气口联接;

⑤ 关闭仪器面板上的流量调节阀,打开仪器电源开关,仪器开始自校验;

⑥ 待仪器自校验结束后,打开被测气室压力表通气闸阀,将仪器干燥旋钮旋至测量端,缓慢打开流量调节阀,将流量控制在 0.5~0.9L/ min;

⑦ 待测试数据稳定后,记录结果;

⑧ 测试结束后,关闭流量调节阀,将干燥旋钮旋至保护端,关闭仪器电源;

⑨ 关闭压力表通气闸阀,然后将进排气管拆除。

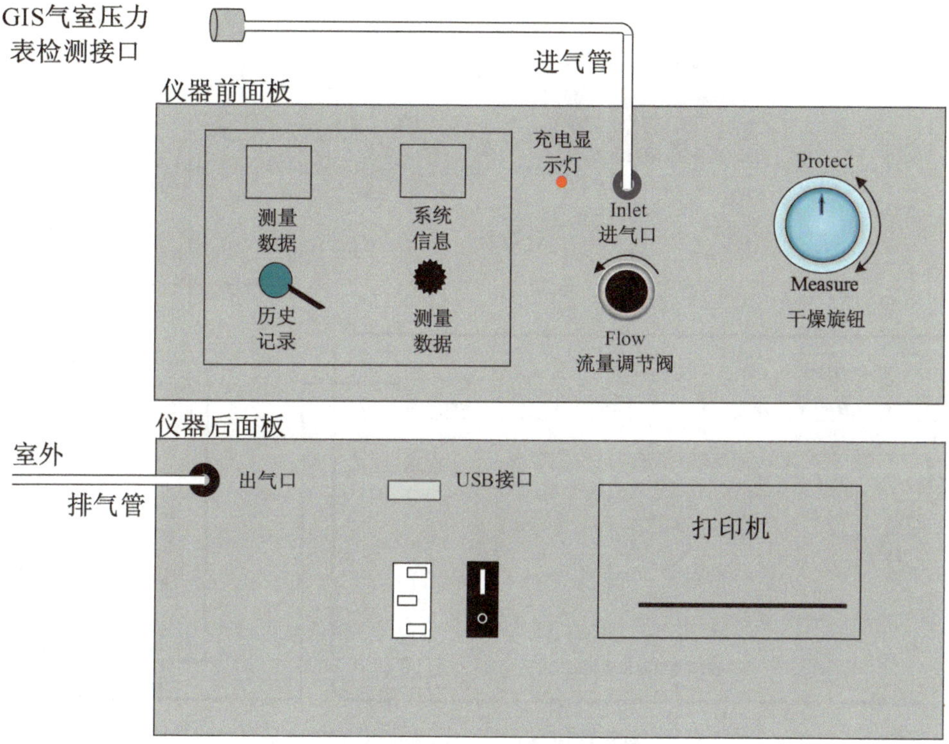

图 4 SF_6气体湿度测试

(4) 试验标准

① 灭弧气室≤300 ppm[①];

② 非灭弧气室≤500 ppm。

4.1.5 氧化锌避雷器运行电压下泄漏电流测试

(1) 试验仪器

GDYZ-301 氧化锌避雷器带电测试仪。

(2) 试验接线

如图 5 所示。

(3) 试验步骤

① 确保 GIS 电压互感器带电,按图 5 所示连接试验回路;

① 1 ppm=0.001 %。

② 接通测试仪电源，选择“参数设置”，按实际情况正确设置电流量程、同步方式、电压等级、移相角度等参数；

③ 按下“测试”命令开始试验；

④ 等待显示试验结果和波形，记录试验数据；

⑤ 测试结束后，拆除试验回路。

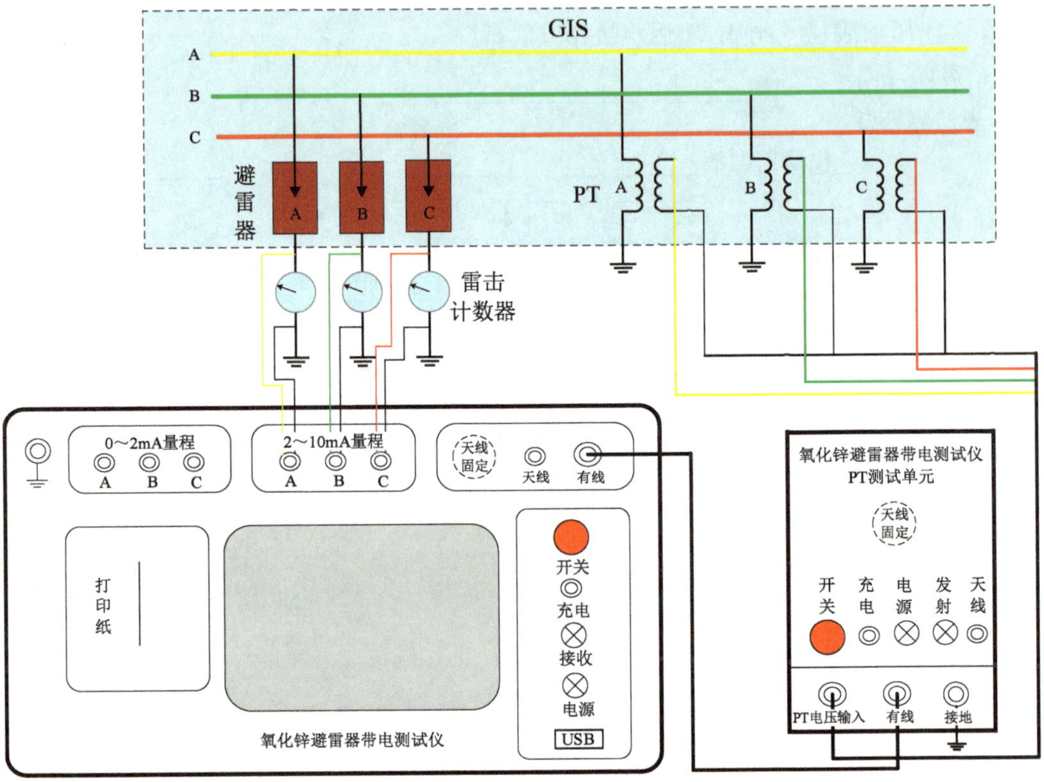

图5　氧化锌避雷器运行电压下泄漏电流测试

（4）试验标准

测量运行下的全电流、阻性电流，测量值与初始值比较，有明显变化时应加强监测，当阻性电流增加1倍时，应停电检查。

4.1.6　雷击计数器校验

（1）试验仪器

ZGS-J2雷击计数器校验仪。

（2）试验接线

如图6所示。

（3）试验步骤

① 将校验仪可靠接地，测试前先将校验仪与接地体接触放掉可能残余的电荷；

② 记录雷击计数器上的原始值；

③ 将电压挡位选择开关拨至1 200 V挡位，按下试验按钮约1 s，指示灯亮起，即可轻轻点击计数器与避雷器的连接端进行测试，每次点击后，校验仪端头应离开计数器；

④ 重复测试，不要松开按钮，1～2 s 指示灯又亮起时，即可再次点击测试，点击 3～5 次；
⑤ 循环式计数器应归零，累积式计数器应准确记录最终放电次数；
⑥ 校验结束，应将校验仪与接地体接触，放掉残余的电荷。
(4) 试验标准
测试 3～5 次，均应正常动作，若不动作，应查明原因。

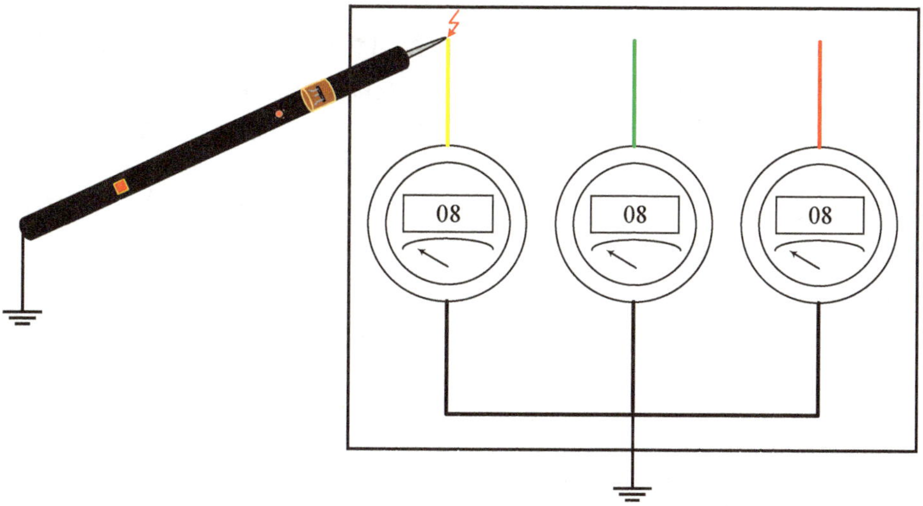

图 6　雷击计数器校验

4.2　油浸式变压器

4.2.1　绝缘电阻测量

(1) 试验仪器
3125 绝缘电阻测试仪。
(2) 试验步骤
如图 7 所示。

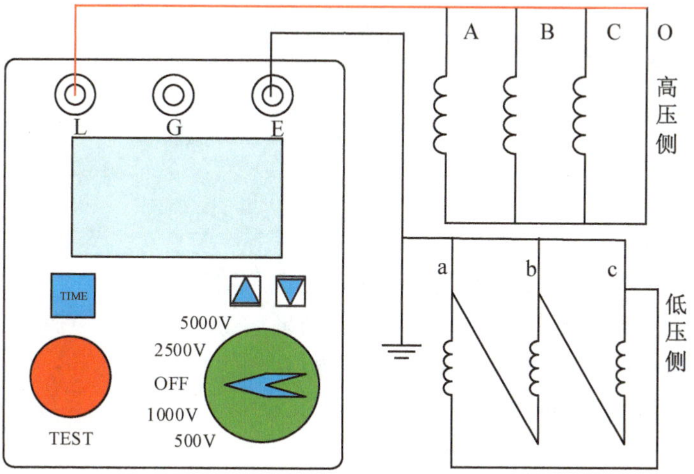

图 7　油浸式变压器绝缘电阻测量

(3) 试验步骤

① 按图 7 所示连接试验回路;

② 选择试验电压挡位 2 500 V,试验时间 1 min;

③ 按下测试按钮,开始测量,记录 15 s 和 60 s 时的绝缘电阻;

④ 测试结束,待仪器自动充分放电后,拆除试验回路。

(4) 试验标准

绝缘电阻换算至同一温度下,与前一次测试结果相比较应无明显变化,不宜低于上次值的 70%或不低于 10 000 MΩ,电压等级为 35 kV 及以上且容量在 4 000 kVA 及以上的应测量吸收比,吸收比常温下应≥1.3;当 R60>3 000 MΩ 时,吸收比不做要求。

4.2.2 直流电阻测量

(1) 试验仪器

JYR(10C)直流电阻测试仪。

(2) 试验接线

如图 8 所示。

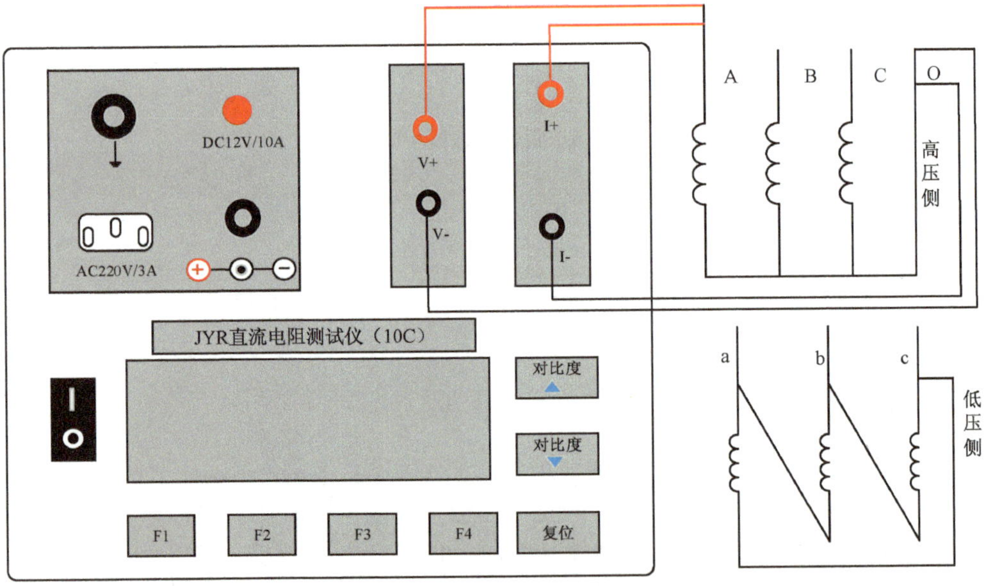

图 8 油浸式变压器直流电阻测量

(3) 试验步骤

① 按图 8 所示连接试验回路;

② 接通测试仪电源,选择适当的电流测试挡位,开始测量;

③ 待充电电流及测试数据稳定后记录试验结果;

④ 按下复位键,待仪器充分放电后断开电源;

⑤ 测试结束,拆除试验回路。

(4) 试验标准

① 1.6 MVA 以上变压器各相绕组电阻相互间的差别不应大于三相平均值的 2%,线

间差别不应大于三相平均值的 1%；

② 1.6 MVA 及以下变压器各相绕组电阻相互间的差别不大于三相平均值的 4%，线间差别不大于三相平均值的 2%。

4.2.3 本体介质损耗角正切值 tanδ 及电容值测试

(1) 试验仪器

AI-6000D 自动抗干扰介损仪。

(2) 试验接线

如图 9 所示。

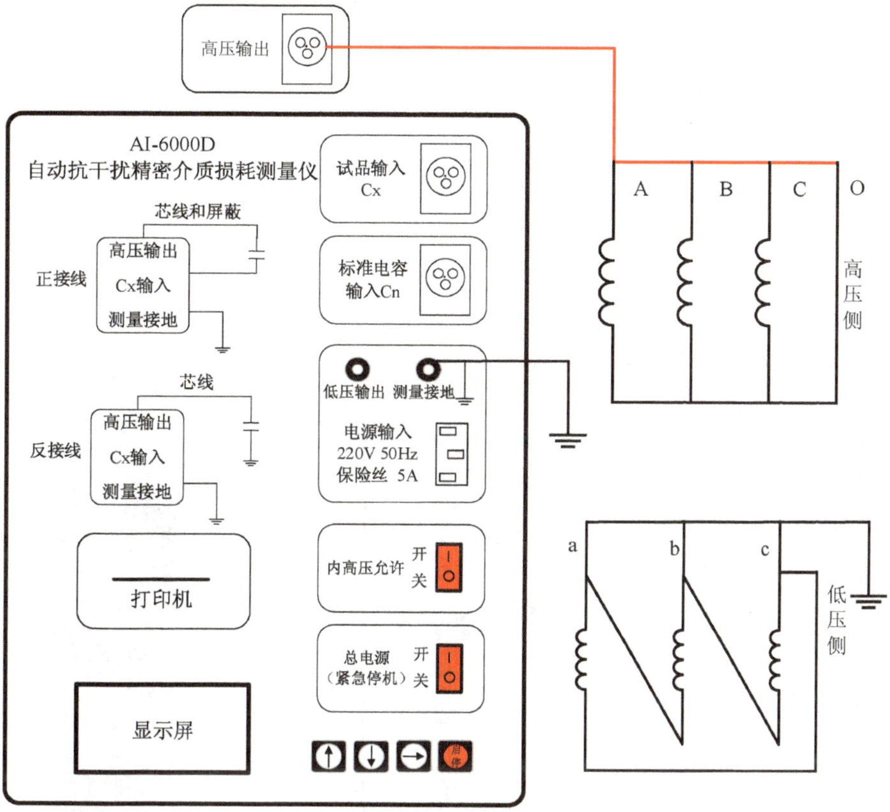

图 9　油浸式变压器本体 tanδ 及电容值测试

(3) 试验步骤

① 按图示连接试验回路；

② 接通测试仪电源，参数选择：相应的试验电压，内高压允许、反接线、内标准电容；

③ 开启内高压允许开关，按“启动”键 1 s 以上，开始测量，等待测量结果并记录；

④ 测试结束后待仪器自动降压、放电结束后，关闭仪器电源，拆除试验回路。

(4) 试验标准(表 1)

表 1　变压器本体 tanδ 及电容值试验标准

额定电压 U_n	试验电压 U_t	tanδ (20℃)	电容量 C_x
110 kV	10 kV	≤0.8%	电容值与出厂值或上一次试验值的无显著变化，变化率≤3%
35 kV	10 kV	≤1.5%	
10 kV	10 kV	≤1.5%	
6 kV	6 kV	≤1.5%	

不同温度下的 tanδ 值一般可按公式 $\tan\delta_2 = \tan\delta_1 \times 1.3(t_2 - t_1)/10$ 换算。

4.2.4　电容型套管介质损耗角正切值 tanδ 及电容值测试

(1) 试验仪器

AI-6000D 自动抗干扰介损仪。

(2) 试验接线

如图 10 所示。

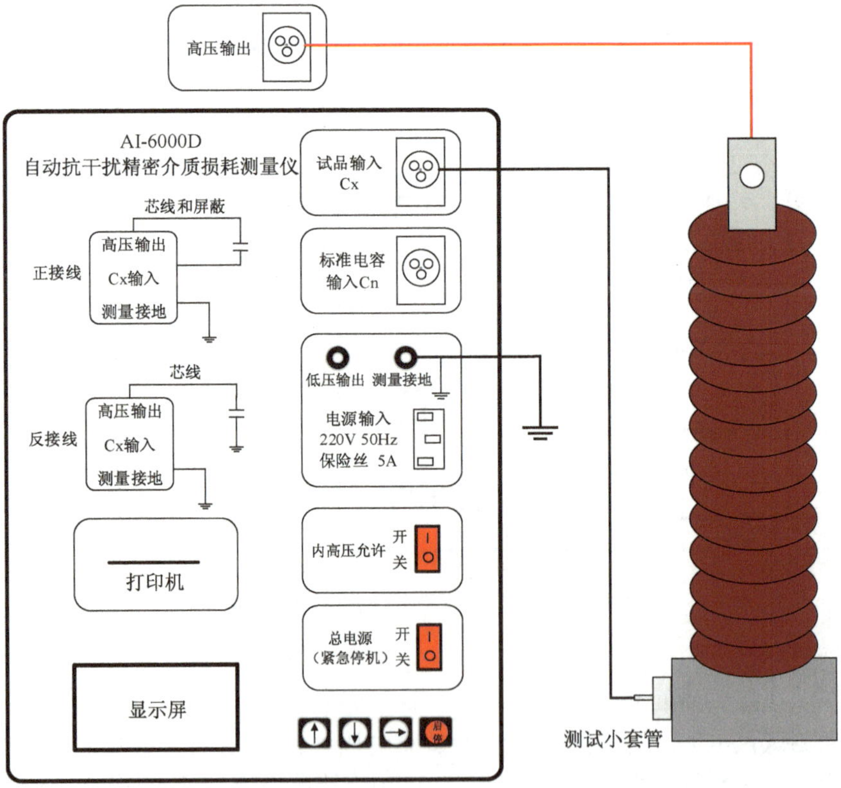

图 10　油浸式变压器高压套管 tanδ 及电容值测试

(3) 试验步骤

① 按图 10 所示连接试验回路；

② 接通测试仪电源，参数选择：相应的试验电压，内高压允许、正接线、内标准电容；

③ 开启内高压允许开关，按“启动”键 1 s 以上，开始测量，等待测量结果并记录；

④ 测试结束后待仪器自动降压、放电结束后，关闭仪器电源，拆除试验回路。

(4) 试验标准(表 2)

表 2　变压器高压套管 $\tan\delta$ 及电容值试验标准

额定电压 U_n	试验电压 U_t	$\tan\delta$ (20℃)	电容量 C_x
110 kV	10 kV	20～30 kV：$\tan\delta\leqslant 2\%$ 20～30 kV：$\tan\delta\leqslant 1.5\%$	电容值与出厂值或上一次试验值的差别不超过±5%

不同温度下的 $\tan\delta$ 值一般可按公式 $\tan\delta_2 = \tan\delta_1 \times 1.3(t_2 - t_1)/10$ 换算。

4.2.5　绕组直流泄漏电流测试

(1) 试验仪器

ZGS-200/2F 直流高压发生器。

(2) 试验接线

如图 11 所示。

(3) 试验步骤

① 按图 11 所示连接试验回路；

② 接通测试仪电源，选择自动模式；

③ 根据不同电压等级的变压器绕组设置相应的试验电压，设置保护电压为 1.1 倍的试验电压，泄漏电流为 1 000 μm，加压时间 1 min；

(4) 按下“高压通”按钮，点击“开始试验”，电压自动升至试验电压，仪器开始计时，记录 15 s 及 60 s 的泄漏电流；

(5) 测试结束，关闭电源，用放电棒充分放电后拆除试验回路。

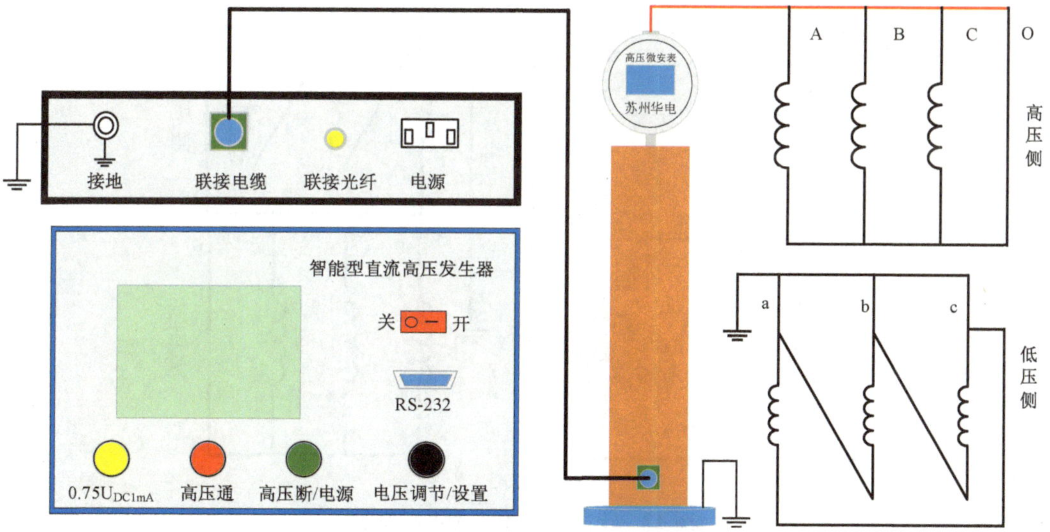

图 11　油浸式变压器绕组直流泄漏电流测试

(6) 试验标准(表 3)

表 3 变压器绕组直流泄漏电流试验标准

绕组额定电压 U_n	试验电压 U_t
110 kV	40 kV
35 kV	20 kV
10 kV	10 kV
6 kV	10 kV

60 s 时的泄漏电流与前一次测试结果相比应无明显变化。

4.3 干式变压器

4.3.1 绝缘电阻测量

(1) 试验仪器

3125 绝缘电阻测试仪。

(2) 试验接线

如图 12 所示。

(3) 试验步骤

① 按图 12 所示连接试验回路;

② 选择试验电压挡位 2 500 V,试验时间 1 min;

③ 按下测试按钮,开始测量,记录 15 s 和 60 s 时的绝缘电阻;

④ 测试结束,待仪器自动充分放电后,拆除试验回路。

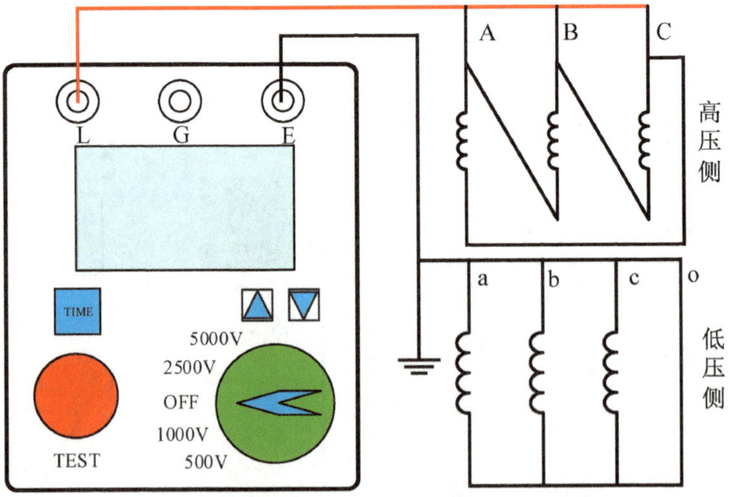

图 12 干式变压器绝缘电阻测量

(4) 试验标准

绝缘电阻换算至同一温度下测量值无显著变化,不宜低于上次测量值的 70%。

4.3.2 直流电阻测量

（1）试验仪器

JYR(10C)直流电阻测试仪。

（2）试验接线

如图 13 所示。

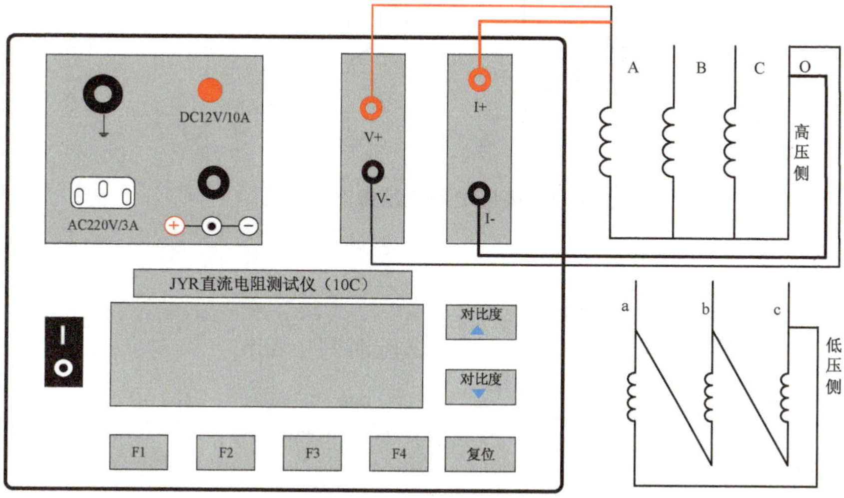

图 13　干式变压器直流电阻测量

（3）试验步骤

① 按图 13 所示连接试验回路；

② 接通测试仪电源，选择适当的电流测试挡位，开始测量；

③ 待充电电流及测试数据稳定后记录试验结果；

④ 按下复位键，待仪器自动充分放电后断开电源；

⑤ 测试结束，拆除试验回路。

（4）试验标准

1.6 MVA 以上变压器各相绕组电阻相互间的差别不应大于三相平均值的 2%，线间差别不应大于三相平均值的 1%；1.6 MVA 及以下变压器相间的差别不大于三相平均值的 4%，线间差别不大于三相平均值的 2%。

4.4 高压电动机

4.4.1 绝缘电阻测量

（1）试验仪器

3125 绝缘电阻测试仪。

（2）试验接线

如图 14 所示。

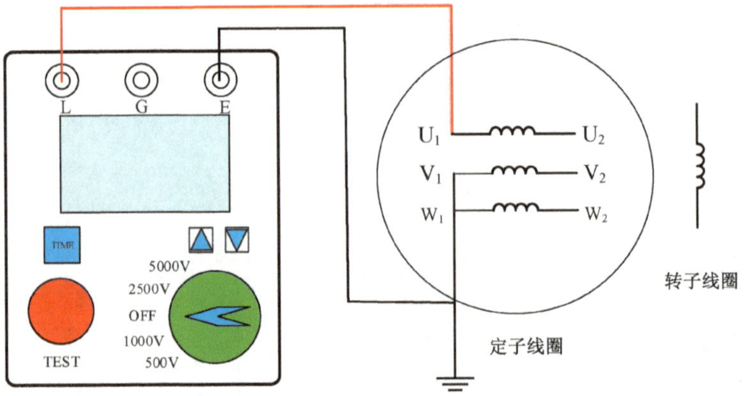

图 14　高压电动机绝缘电阻测量

(3) 试验步骤

① 按图 14 所示连接试验回路;

② 定子绕组选择试验电压挡位 2 500 V,试验时间 1 min;

③ 转子绕组选择试验电压挡位 500 V;

④ 按下测试按钮,开始测量,定子绕组记录 15 s 和 60 s 时的绝缘电阻,转子绕组记录数值稳定时电阻值;

⑤ 测试结束,待仪器自动充分放电后,拆除试验回路。

(4) 试验标准

① 定子绕组的绝缘电阻值不小于 1 MΩ/ kV,沥青浸胶及烘卷云母绝缘吸收比不应小于 1.3,环氧粉云母绝缘吸收比不应小于 1.6;

② 转子绕组的绝缘电阻在室温时一般不小于 0.5 MΩ。

4.4.2　直流电阻测量

(1) 试验仪器

JYR(10C)直流电阻测试仪。

(2) 试验步骤

如图 15 所示。

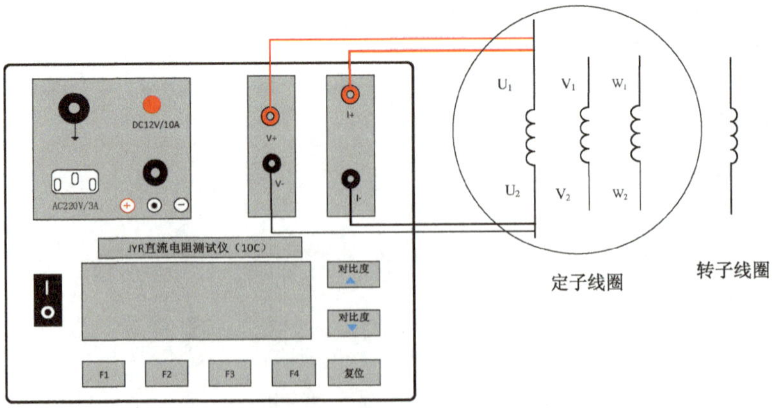

图 15　高压电动机绕组直流电阻测量

(3) 试验步骤

① 按图 15 所示连接试验回路;

② 接通测试仪电源,选择适当的电流测试挡位,开始测量;

③ 待充电电流及测试数据稳定后记录试验结果;

④ 按下复位键,待仪器充分放电后断开电源;

⑤ 测试结束,拆除试验回路。

(4) 试验标准

各相绕组的直流电阻值互相差别不应超过最小值的 2%;中性点未引出者,可测量线间电阻,其相互差别不应超过 1%。

4.4.3 定子绕组直流耐压及泄漏电流测试

(1) 试验仪器

ZGS-200/2F 直流高压发生器。

(2) 试验接线

如图 16 所示。

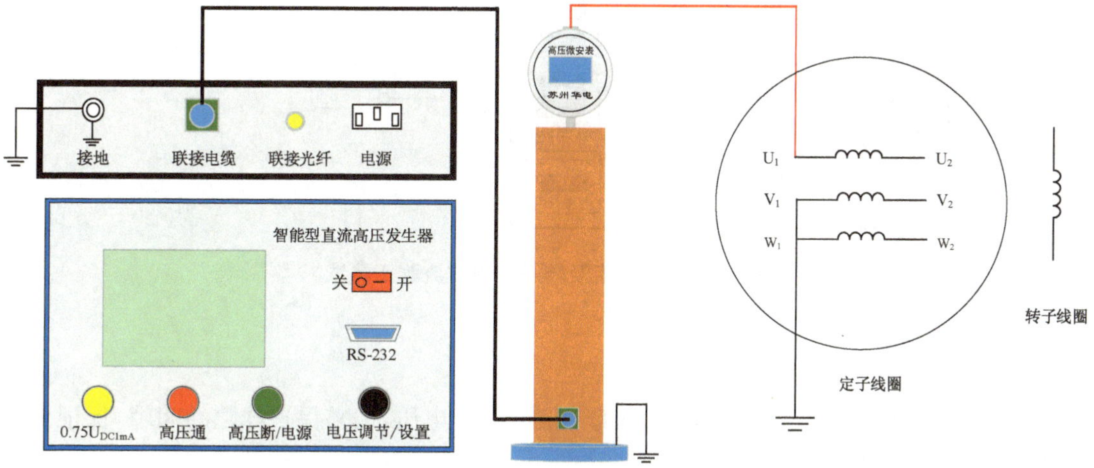

图 16　高压电动机定子绕组直流耐压及泄漏电流测试

(3)试验步骤

① 按图 16 所示连接试验回路;

② 接通测试仪电源,选择手动模式;

③ 根据不同电压等级的电机设置相应的试验电压,设置保护电压为 1.1 倍的试验电压,泄漏电流为 1 000 μA,加压时间 1 min;

④ 按下"高压通"按钮,点击"开始试验",手动缓慢升压至 $1/2U_n$、U_n、$1.5U_n$、$2U_n$(U_n 为电机额定电压),在上述电压下分别记录 15 s 及 60 s 时的泄漏电流;

⑤ 测试结束,关闭电源,用放电棒充分放电后拆除试验回路。

(4) 试验标准

在规定试验电压下,各相泄漏电流的差别一般不大于最小值的 100%,泄漏电流若低于 20 μA,则不作规定。

4.4.4 定子绕组及转子绕组交流耐压(大修后

(1) 试验仪器

TQSBJ-10/20 工频交流耐压试验装置。

(2) 试验接线

如图 17 所示。

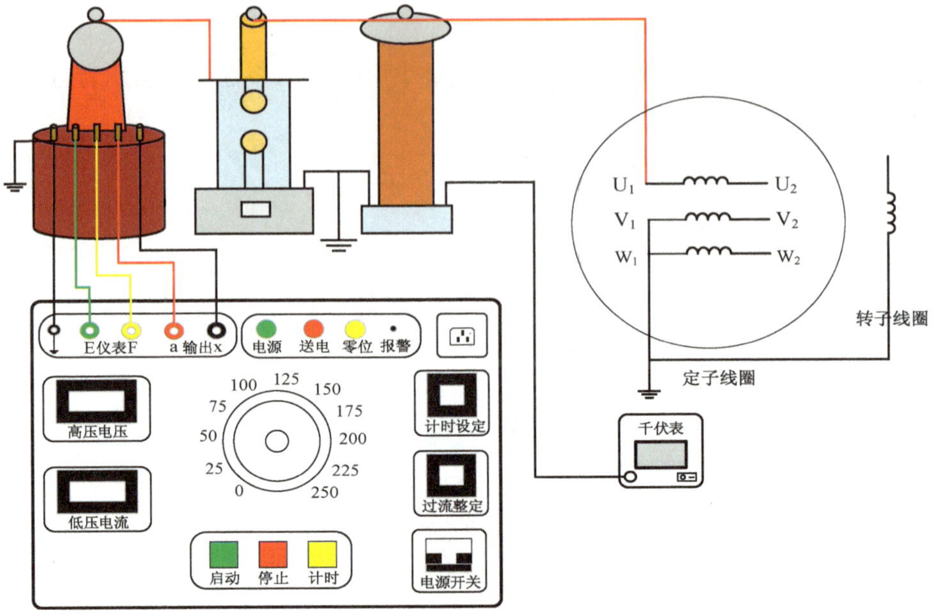

图 17　定子绕组及转子绕组交流耐压测试

(3) 试验步骤

① 按图 17 所示连接试验回路；

② 首先脱开负载，设置保护电压为 1.1 倍的试验电压，调整保护球隙的间隙，保证连续三次在保护电压值跳闸；

③ 连接负载，接通试验装置电源，将调压旋钮置零；

④ 按下启动按钮，旋转调压旋钮缓慢匀速升压至试验电压($1.5U_n$)，开始计时 60 s，计时结束快速稳定降压至零位，按下停止按钮；

⑤ 测试结束，关闭电源，用放电棒充分放电后拆除试验回路；

⑥ 转子绕组交流耐压按照规程用 2500DC 绝缘电阻表测量 1 min 代替。

(4) 试验标准(表 4)

表 4　高压电动机定子绕组交流耐压试验标准

加压部位	试验电压 U_t
定子绕组	$1.5U_n$

加压 1 min，无击穿。

4.5 电压互感器

4.5.1 绝缘电阻测量

(1) 试验仪器

3125 绝缘电阻测试仪。

(2) 试验接线

如图 18 所示。

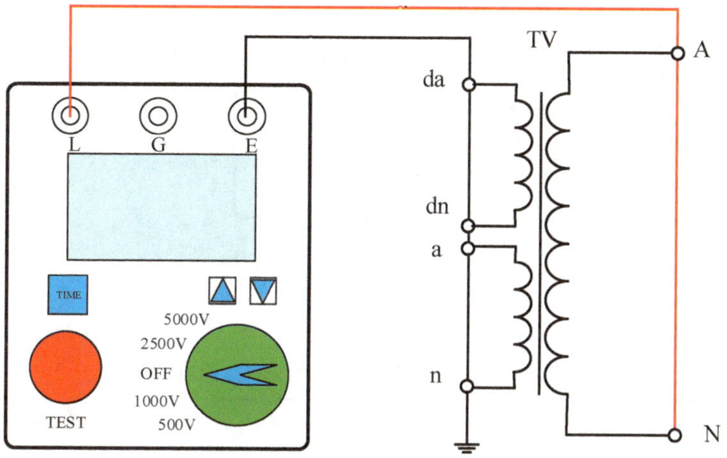

图 18　电压互感器绝缘电阻测量

(3) 试验步骤

① 按图 18 所示连接试验回路;

② 选择试验电压挡位一次侧为 2 500 V,二次测为 1 000 V;

③ 按下测试按钮,开始测量,记录数值稳定后的绝缘电阻;

④ 测试结束,待仪器自动充分放电后,拆除试验回路。

(4) 试验标准

一次绕组对二次绕组及地(基座外壳)的绝缘电阻不宜低于 1 000 MΩ。

4.5.2 三倍频感应耐压

(1) 试验仪器

HDBP-Y5 多倍频感应耐压测试仪。

(2) 试验接线

如图 19 所示。

(3) 试验步骤

① 按图 19 所示连接试验回路;

② 接通测试仪电源,根据不同电压等级的电压互感器设置相应的二次绕组施加电压和一次绕组感应电压,加压时间 40 s;

③ 点击开始试验,仪器自动升压到设定电压,开始计时 40 s,计时结束自动放电;

④ 测试结束,关闭电源,用放电棒充分放电后拆除试验回路。

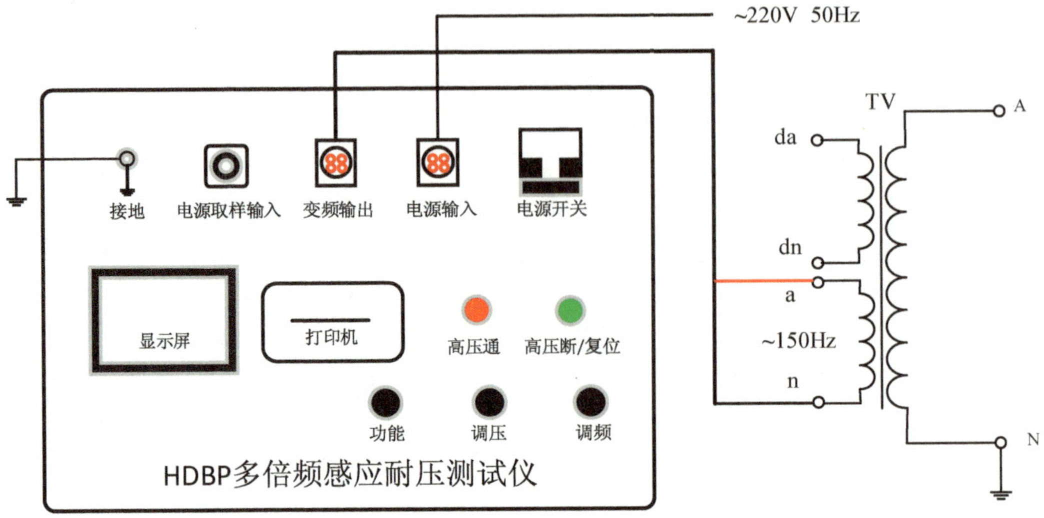

图 19　电压互感器感应耐压

(4) 试验标准(表 5)

表 5　电压互感器感应耐压试验标准

电压等级	一次绕组感应电压 U_t	二次绕组施加电压 U_t
35 kV	72 kV	205.7 V
10 kV	30 kV	300 V
6 kV	21 kV	350 V

① 加压 40 s,无击穿。

② 二次绕组间及外壳对地采用工频交流耐压试验方法,加压 2 kV,1 min 无击穿,可用 2 500 V 绝缘电阻表测量 1 min 代替。

4.6　电流互感器

4.6.1　绝缘电阻测量

(1) 试验仪器

3125 绝缘电阻测试仪。

(2) 试验接线

如图 20 所示。

(3) 试验步骤

① 按图 20 所示连接试验回路;

② 选择试验电压挡位一次侧为 2 500 V,二次测为 1 000 V;

③ 按下测试按钮,开始测量,记录数值稳定后的绝缘电阻;

④ 测试结束,待仪器自动充分放电后,拆除试验回路。

(4) 试验标准

一次绕组对地≥1 000 MΩ;二次绕组对地≥1 000 MΩ。

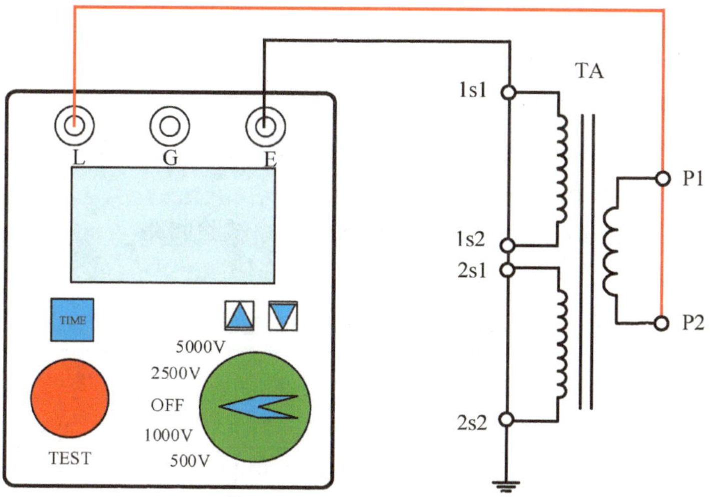

图 20　电流互感器绝缘电阻测量

4.6.2　工频交流耐压

(1) 试验仪器

GDYD-55M 工频交流耐压试验装置。

(2) 试验接线

如图 21 所示。

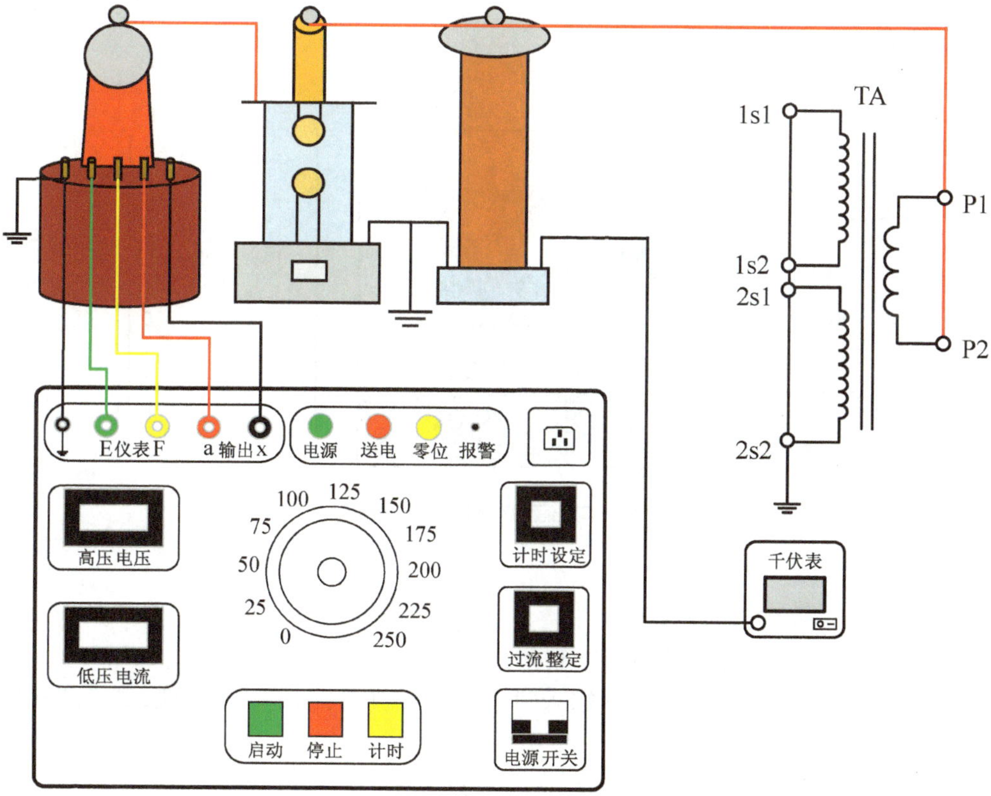

图 21　电流互感器工频交流耐压试验

(3) 试验步骤

① 按图 21 所示连接试验回路;

② 接通试验装置电源,将调压旋钮置零;

③ 按下启动按钮,旋转调压旋钮缓慢匀速升压至试验电压,开始计时 60 s,计时结束快速稳定降压至零位,按下停止按钮;

④ 测试结束,关闭电源,用放电棒充分放电后拆除试验回路。

(4) 试验标准(表 6)

表 6　电流互感器工频交流耐压试验标准

加压部位	试验电压 U_t	
一次绕组	35 kV	72 kV
	10 kV	30 kV
	6 kV	21 kV
二次绕组间及外壳对地	2 kV	

加压 1 min,无击穿,一次绕组按出厂试验值的 80%进行,二次绕组之间对地为 2 kV。

4.6.3　伏安特性试验

(1) 试验仪器

JYH—Ⅲ互感器综合特性测试仪。

(2) 试验接线

如图 22 所示。

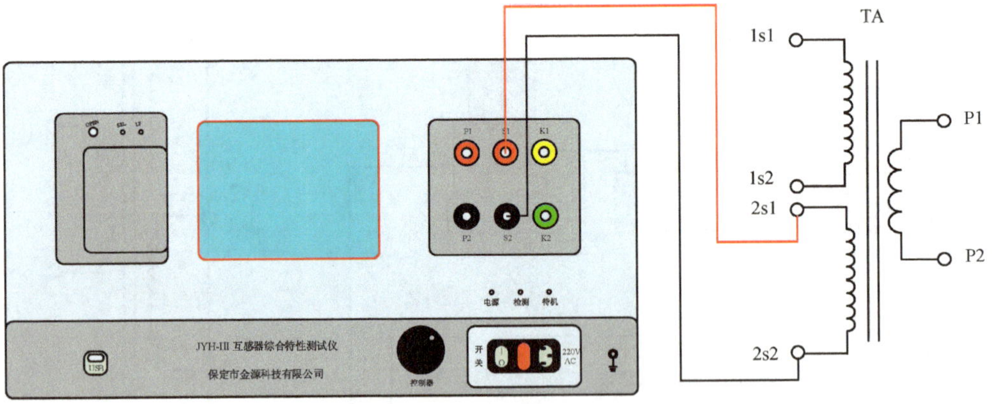

图 22　电流互感器伏安特性试验

(3) 试验步骤

① 按图所示连接试验回路;

② 接通测试仪电源,在类型中选择 P 型;

③ 根据所测电流互感器的型号,输入对应的额定负荷、额定一次电流、额定二次电流、Kpcf;

④ 点击"励磁"进行测试,测试完成,点击"励磁数据"查询并记录结果;

⑤ 测试结束,关闭仪器电源,拆除试验回路。

(4) 试验标准

励磁曲线与同类型互感器特性曲线或制造厂提供的特性曲线相比较,应无明显差别。

4.7 真空断路器

4.7.1 绝缘电阻测量

(1) 试验仪器

3125 绝缘电阻测试仪。

(2) 试验接线

如图 23、图 24 所示。

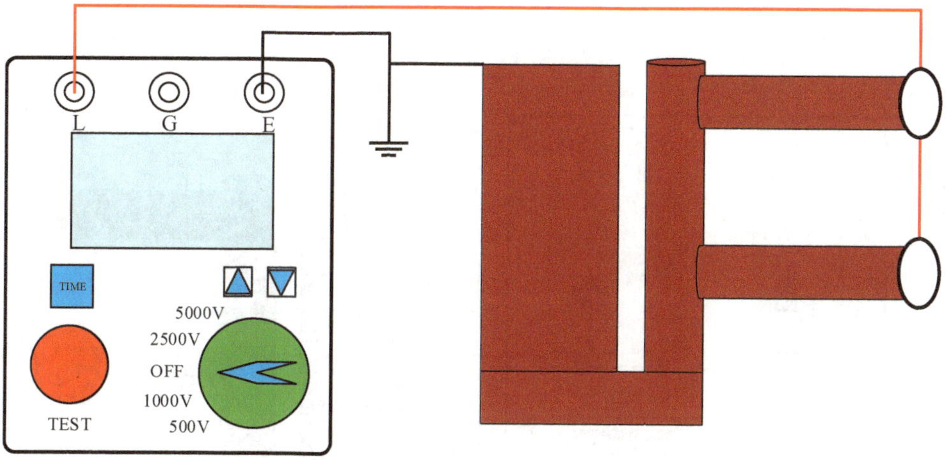

图 23 真空断路器本体绝缘电阻测量(一)

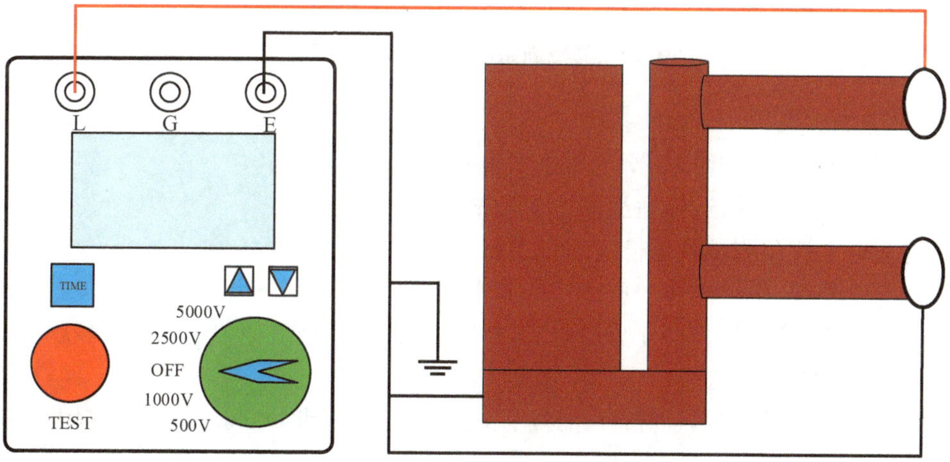

图 24 真空断路器断口绝缘电阻测量(二)

（3）试验步骤

① 按图 23 和图 24 所示连接试验回路；

② 选择测试电压挡位 2 500 V；

③ 按下测试按钮，开始测量，待数据稳定后记录结果；

④ 测试结束，待仪器自动充分放电后，拆除试验回路。

（4）试验标准

① 10 kV 真空断路器≥300 MΩ；

② 35 kV 真空断路器≥1 000 MΩ。

4.7.2 导电回路电阻测量

（1）试验仪器

JYL 回路电阻测试仪。

（2）试验接线

如图 25 所示。

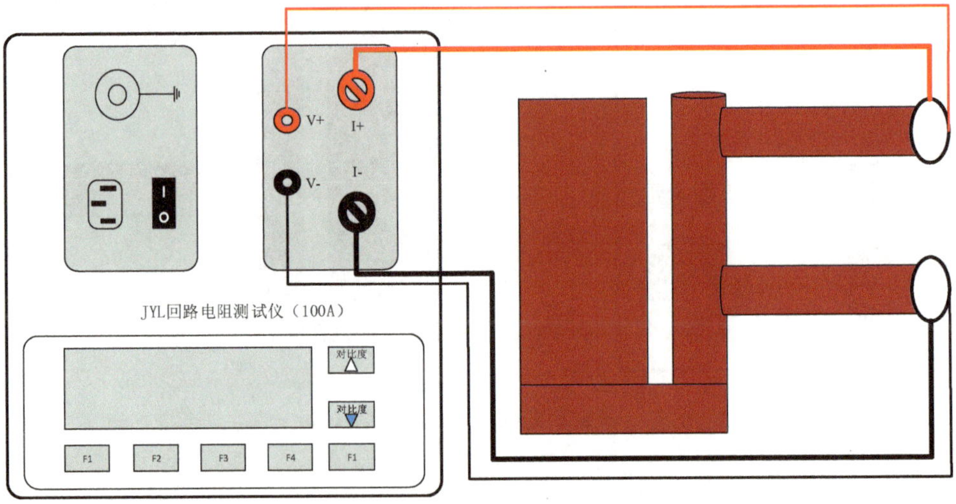

图 25　真空断路器导电回路电阻测量

（3）试验步骤

① 将断路器合闸，按图 25 所示连接试验回路；

② 接通测试仪电源，选择适当的电流测试挡位，开始测量；

③ 待充电电流及测试数据稳定后记录试验结果；

④ 按下复位键，待仪器充分放电后断开电源；

⑤ 测试结束，待仪器自动充分放电后，拆除试验回路，恢复原刀闸、断路器状态。

（4）试验标准

不大于 1.1 倍的出厂值，且符合产品技术文件的规定值，同时相间比较不应该有明显变化。

4.7.3 工频交流耐压

（1）试验仪器

GDYD-55M 工频交流耐压试验装置。

（2）试验接线

如图 26 和图 27 所示。

图 26　断路器断口工频交流耐压

图 27　断路器本体工频交流耐压

(3) 试验步骤

① 按图 26 和图 27 所示连接试验回路;

② 接通试验装置电源,将调压旋钮置零;

③ 按下启动按钮,旋转调压旋钮缓慢匀速升压至试验电压,开始计时 60 s,计时结束快速稳定降压至零位,按下停止按钮;

④ 测试结束,关闭电源,用放电棒充分放电后拆除试验回路。

(4) 试验标准

① 试验电压:10 kV 真空断路器 42 kV;35 kV 真空断路器 95 kV。

② 加压 1 min,无击穿。

4.7.4 断路器动特性测试

(1) 试验仪器

HDKC-800 开关动作特性测试仪。

(2) 试验接线

如图 28 所示。

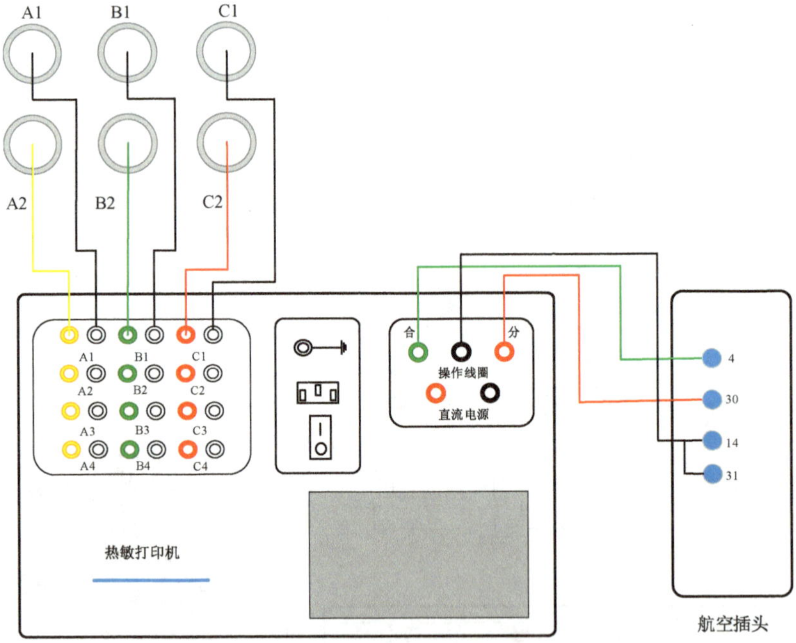

图 28 断路器动特性测试

(3) 试验步骤

① 按图 28 所示连接试验回路;

② 接通测试仪电源;

③ 合闸测试,确保断路器处于分闸状态,选择测试类型:最低动作电压,动作类型:合闸,起始电压:60 V,步进电压:1 V,时间:1 s;

④ 开始测量,待断路器动作,记录最低动作电压、合闸时间、合闸不同期时间、合闸弹跳

时间；

⑤ 分闸测试，确保断路器处于合闸状态，选择测试类型：最低动作电压，动作类型：分闸，起始电压：60 V，步进电压：1 V，时间：1 s；

⑥ 开始测量，待断路器动作，记录最低动作电压、分闸时间、分闸不同期时间；

⑦ 测试结束后，关闭仪器电源，拆除试验回路，并确保断路器为分闸状态。

（4）试验标准

应符合产品技术文件要求。

4.8 氧化锌避雷器

4.8.1 绝缘电阻测量

（1）试验仪器

3125 绝缘电阻测试仪。

（2）试验接线

如图 29 所示。

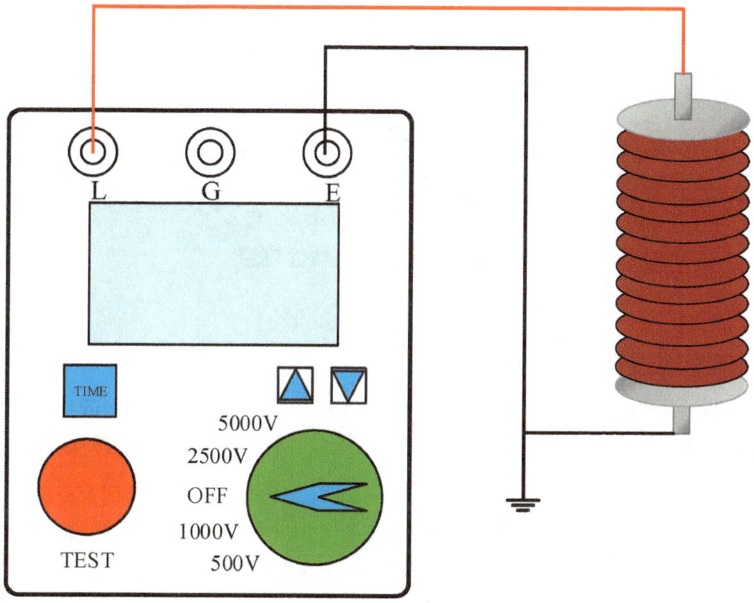

图 29 避雷器绝缘电阻测量

（3）试验步骤

① 按图 29 所示连接试验回路；

② 选择测试电压挡位 2 500 V；

③ 按下测试按钮，开始测量，待数据稳定后记录结果；

④ 测试结束，待仪器自动充分放电后，拆除试验回路。

（4）试验标准

自行规定。

4.8.2 电气特性测量

(1) 试验仪器

ZGS-200/2F 直流高压发生器。

(2) 试验接线

如图 30 所示。

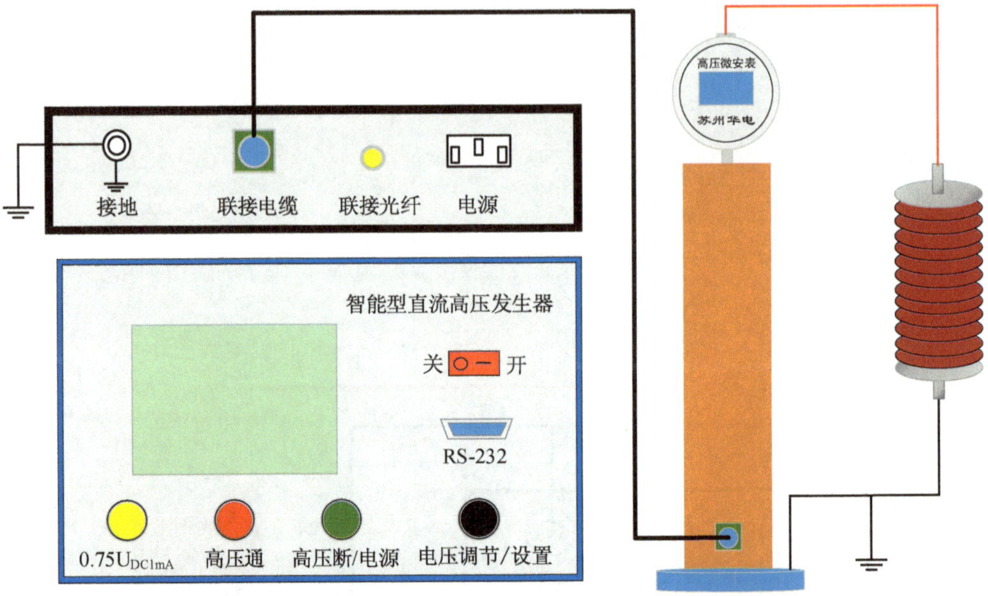

图 30　避雷器电气特性测量

(3) 试验步骤

① 按图 30 所示连接试验回路；

② 接通测试仪电源，选择“MOA 升压”模式；

③ 根据不同电压等级的氧化锌避雷器设置相应的试验电压，设置保护电压为 1.1 倍的试验电压，泄漏电流为 1 100 μA；

④ 按下“高压通”按钮，点击“开始试验”，系统自动升压，当泄漏电流达到 1 000 μA 后，记录试验电压 $U_{1\,mA}$，5 s 后系统自动降压至试验电压值的 0.75 倍，稳压后记录该电压值下的泄漏电流 $I_{0.75U_{1\,mA}}$，完成后系统将会自动降压；

⑤ 测试结束，关闭电源，用放电棒充分放电后拆除试验回路。

(4) 试验标准

① $U_{1\,mA}$ 实测值与初始值或制造厂规定值比较，变化应不大于±5%；

② 0.75 $U_{1\,mA}$ 下的泄漏电流与初值差≤30%或≤50 μA。

4.8.3 雷击计数器校验

(1) 试验仪器

ZGS-J2 雷击计数器校验仪。

(2) 试验接线

如图 31 所示。

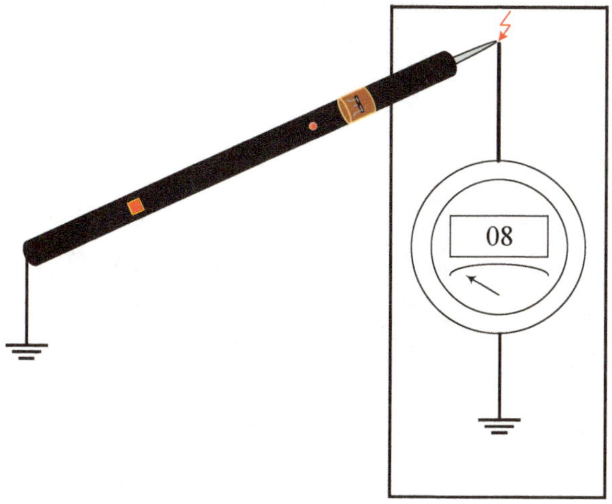

图 31　雷击计数器校验

(3) 试验步骤

① 将校验仪可靠接地，测试前先将校验仪与接地体接触，放掉可能残余的电荷；

② 记录雷击计数器上的原始值；

③ 将电压挡位选择开关拨至 1 200 V 挡位，按下试验按钮约 1 s，指示灯亮起，即可轻轻点击计数器与避雷器的连接端进行测试，每次点击后，校验仪端头应离开计数器；

④ 重复测试，不要松开按钮，1～2 s 指示灯又亮起时，即可再次点击测试，点击 3～5 次；

⑤ 循环式计数器应归零，累积式计数器应准确记录最终放电次数；

⑥ 校验结束，应将校验仪与接地体接触，放掉残余的电荷。

(4) 试验标准

测试 3～5 次，均应正常动作，如不动作，应查明原因。

4.9　过电压保护器

4.9.1　绝缘电阻测量

(1) 试验仪器

3125 绝缘电阻测试仪。

(2) 试验接线

如图 32 所示。

(3) 试验步骤

① 拆除过电压保护器电气接线，按图 32 所示连接试验回路，确保非测试相与测试相及地保持足够的安全距离；

② 选择测试电压挡位 2 500 V；

③ 按下测试按钮，开始测量，待数据稳定后记录结果；

④ 测试结束，待仪器自动充分放电后，拆除试验回路。

(4) 试验标准

自行规定。

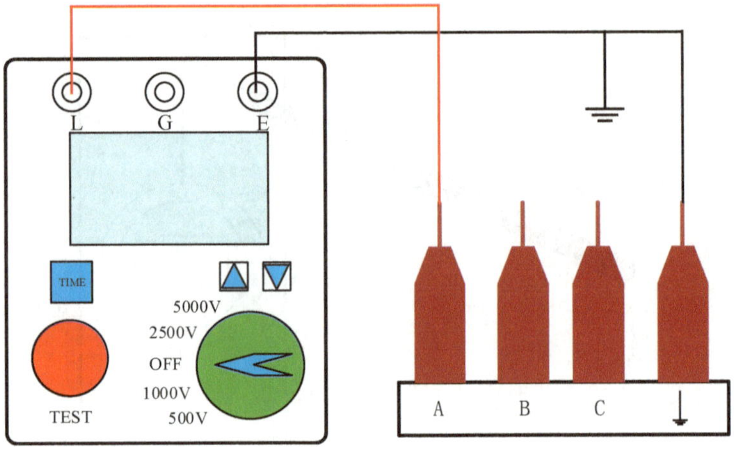

图 32　过电压保护器绝缘电阻测量

4.9.2　工频放电电压测试

（1）试验仪器

GDYD-55M 工频交流耐压试验装置。

（2）试验接线

如图 33 所示。

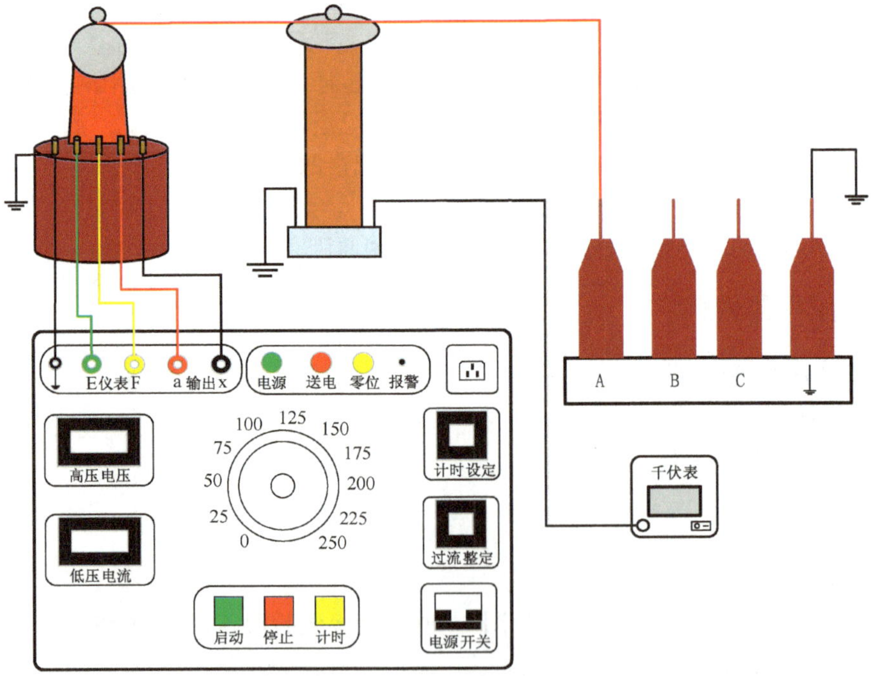

图 33　工频放电电压测试

（3）试验步骤

① 拆除过电压保护器电气接线，按图 33 所示连接试验回路，确保非测试相与测试相及地保持足够的安全距离；

② 接通试验装置电源，将调压旋钮置零；

③ 按下启动按钮，旋转调压旋钮匀速升压直至过电压保护器击穿，过流保护器动作，读取击穿电压；

④ 每相测量三次，计算三次击穿电压的平均值，记为放电电压；

⑤ 测试结束，关闭电源，用放电棒充分放电后拆除试验回路。

（4）试验标准

应符合制造厂规定。

4.10 高压母线

4.10.1 绝缘电阻测量

（1）试验仪器

3125 绝缘电阻测试仪。

（2）试验接线

如图 34 所示。

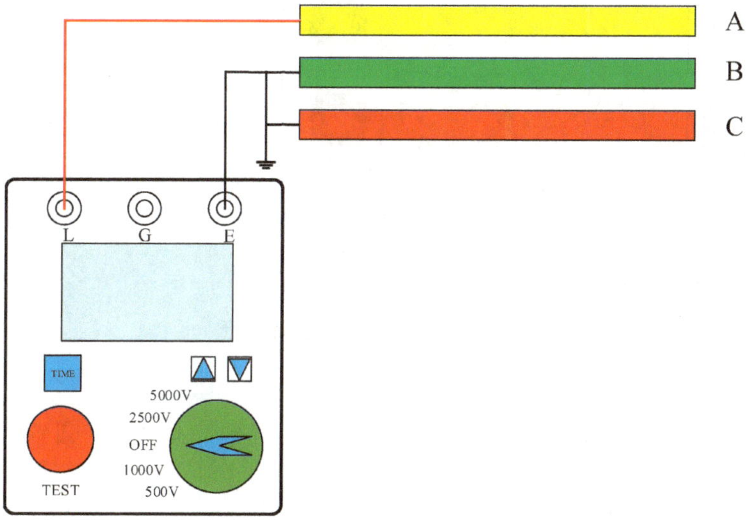

图 34　高压母线绝缘电阻测量

（3）试验步骤

① 断开母线上所有的设备连接，将带电显示装置可靠接地，按图 34 所示连接试验回路；

② 选择测试电压挡位 2 500 V；

③ 按下测试按钮，开始测量，待数据稳定后记录结果；

④ 测试结束，待仪器自动充分放电后，拆除试验回路。

（4）试验标准

离相封闭母线绝缘电阻不低于 50 MΩ，共箱封闭母线在常温下不小于 6 MΩ。

4.10.2 工频交流耐压

（1）试验仪器

GDYD-55M 工频交流耐压试验装置。

(2) 试验接线

如图 35 所示。

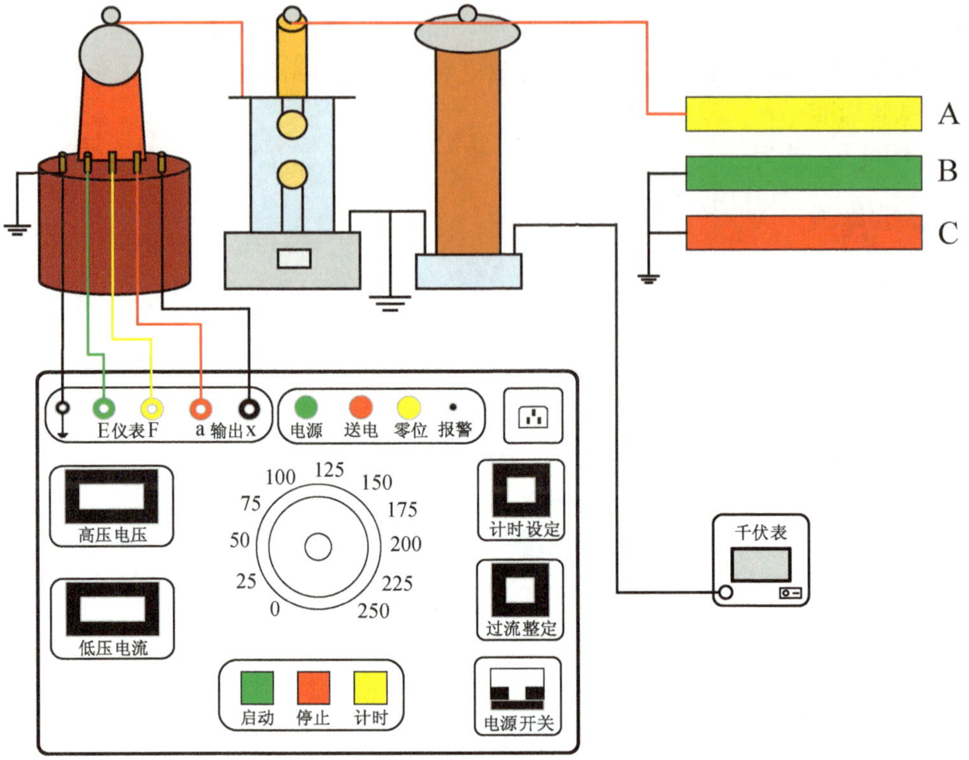

图 35 高压母线工频交流耐压

(3) 试验步骤

① 断开母线上所有的设备连接，将带电显示装置可靠接地，按图 35 所示连接试验回路；

② 接通试验装置电源，将调压旋钮置零；

③ 按下启动按钮，旋转调压旋钮缓慢匀速升压至试验电压，开始计时 60 s，计时结束快速稳定降压至零位，按下停止按钮；

④ 测试结束，关闭电源，用放电棒充分放电后拆除试验回路。

(4) 试验标准(表 7)

表 7 高压母线工频交流耐压试验标准

额定电压 U_n	试验电压 U_t
35 kV	75 kV
10 kV	32 kV
6 kV	24 kV

加压 1 min，无击穿。

4.11 高压电缆

4.11.1 绝缘电阻测量

(1) 试验仪器

3125 绝缘电阻测试仪。

(2) 试验接线

如图 36 所示。

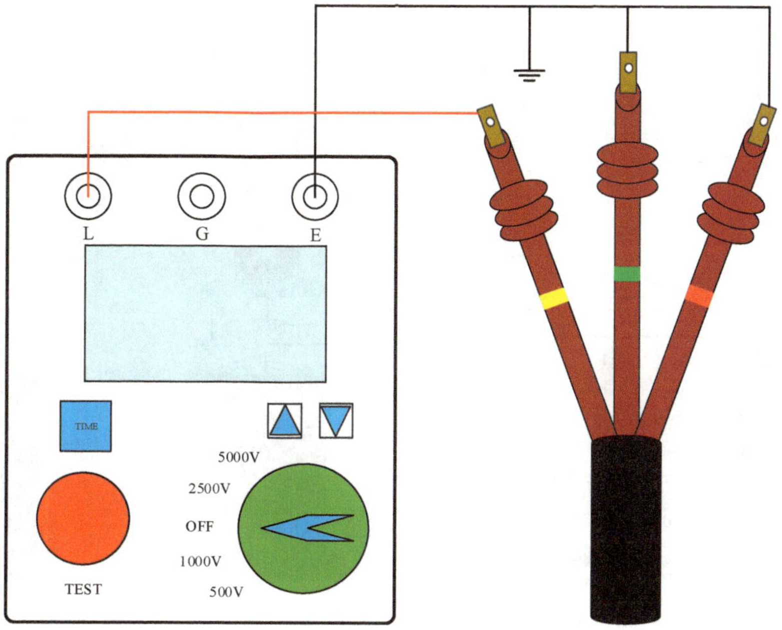

图 36 高压电缆绝缘电阻测量

(3) 试验步骤

① 将被试电缆充分对地放电，按图 36 所示连接试验回路；

② 选择测试电压挡位 2 500 V；

③ 按下测试按钮，开始测量，待数据稳定后记录结果；

④ 测试结束，待仪器自动充分放电后，拆除试验回路。

(4) 试验标准

一般不低于 1 000 MΩ。

4.11.2 串联谐振耐压

(1) 试验仪器

HDSR-F 100/104 串联谐振试验装置。

(2) 试验接线

如图 37 所示。

(3) 试验步骤

① 将被试电缆充分对地放电，断开原电气联接，按图 37 所示连接试验回路；

② 接通测试仪电源，选择自动模式，设置试验电压为 1.6 U_o（U_o 为电缆额定电压）、试验时间 5 min，设置保护电压为 1.1 倍的试验电压；

③ 按下“高压通”按钮，点击“开始试验”，仪器寻找谐振频率，确定谐振点后自动升压至设定电压并计时，试验时间达到后，仪器自动降压；

④ 测试结束，关闭电源，用放电棒充分放电后拆除试验回路。

(4) 试验标准

试验电压 1.6 U_o，加压 5 min，无击穿。

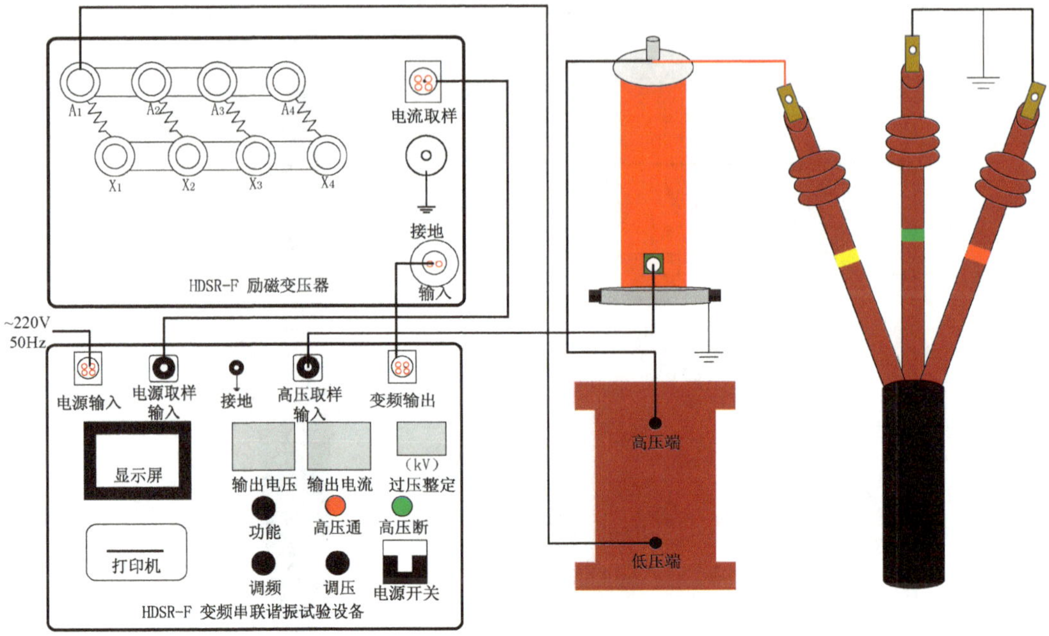

图 37　高压电缆串联谐振耐压

4.12　接地电阻

(1) 试验仪器

FLUKE 1625/KIT 接地电阻测试仪。

(2) 试验接线

如图 38 所示。

(3) 试验步骤

① 将电流辅助接地极 H/C2 钢钎和电位辅助接地极 S/P2 钢钎分别插入距被测接地体直线距离为 40 m 和 20 m 的泥土中，按图 38 所示连接试验回路；

② 将旋钮旋至“3POLE”挡；

③ 按下“START TEST”按钮，待数据稳定后记录试验结果；

④ 测试结束，关闭仪器，拆除试验回路。

(4) 试验标准

① 工作接地≤4 Ω；

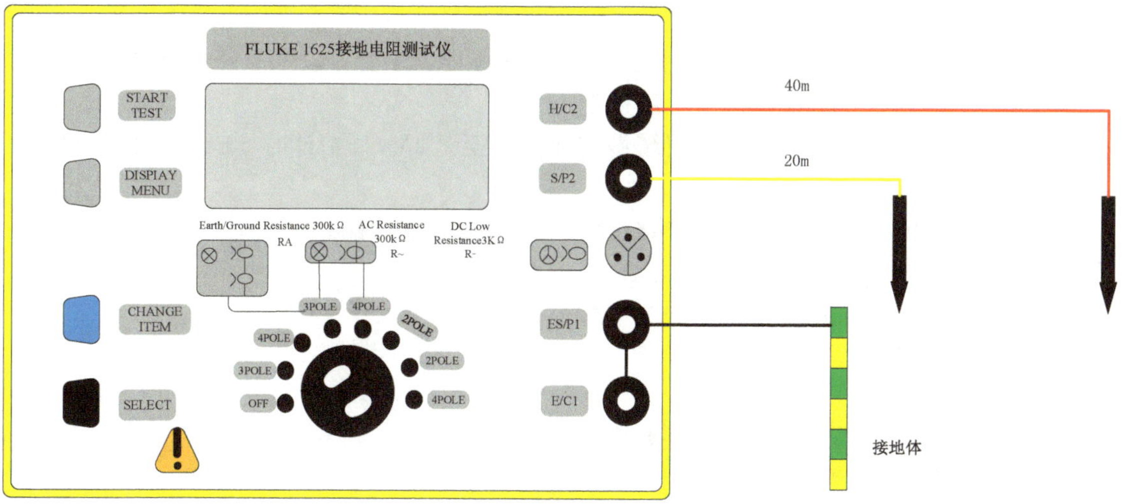

图 38　接地电阻测量

② 防雷接地≤10 Ω。

4.13　安全工器具

4.13.1　绝缘手套试验

（1）试验仪器

GDYD-55M 工频交流耐压试验装置。

（2）试验接线

如图 39 所示。

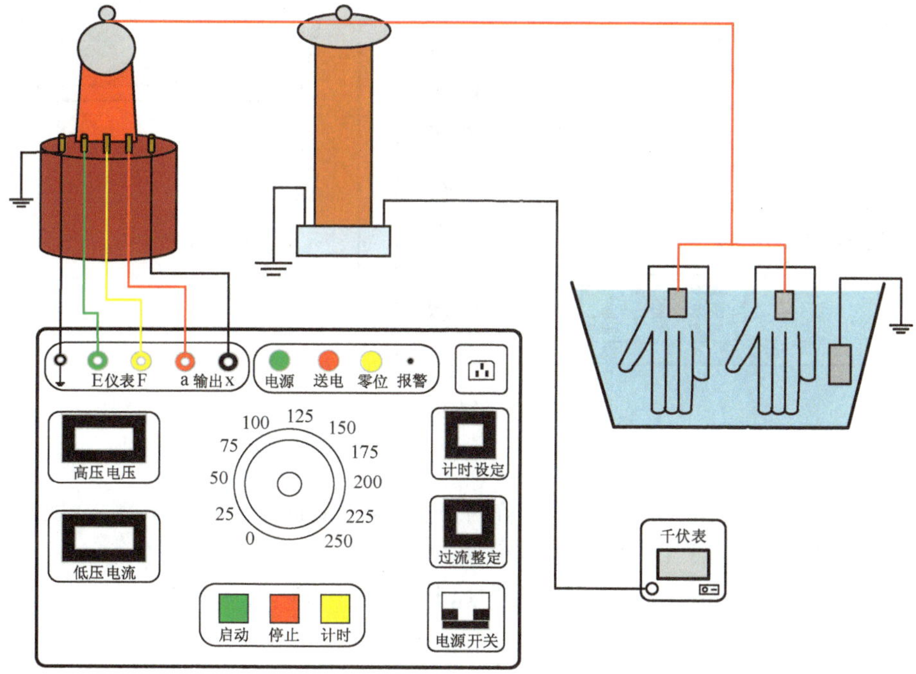

图 39　绝缘手套试验

（3）试验步骤

① 按图 39 所示连接试验回路，手套内、外水面不能低于套口以下 9 cm 的位置；

② 接通试验装置电源，将调压旋钮置零；

③ 按下启动按钮，旋转调压旋钮缓慢匀速升压至 8 kV，开始计时 60 s，计时结束快速稳定降压至零位，按下停止按钮；

④ 测试结束，关闭电源，用放电棒充分放电后拆除试验回路。

（4）试验标准

试验电压 8 kV，加压 1 min，无击穿现象且泄漏电流不大于 9 mA。

4.13.2 绝缘鞋试验

（1）试验仪器

GDYD-55M 工频交流耐压试验装置。

（2）试验接线

如图 40 所示。

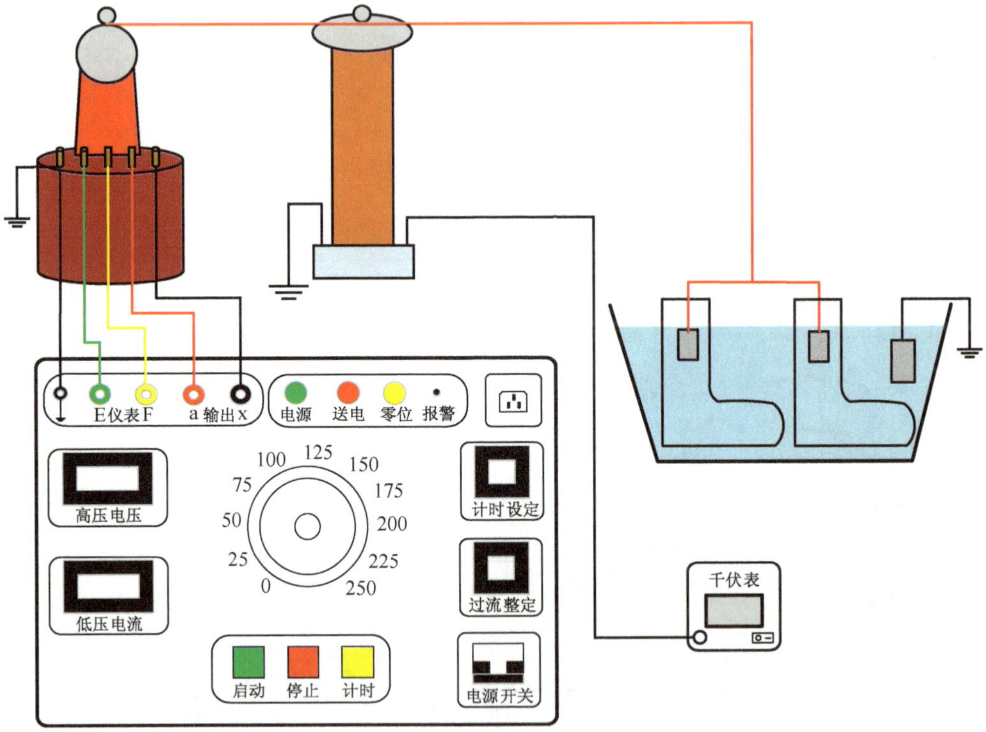

图 40 绝缘鞋试验

（3）试验步骤

① 按图 40 所示连接试验回路，绝缘靴内、外水面不能低于套口以下 9 cm 的位置；

② 接通试验装置电源，将调压旋钮置零；

③ 按下启动按钮，旋转调压旋钮缓慢匀速升压至 15 kV，开始计时 60 s，计时结束快速稳定降压至零位，按下停止按钮；

④ 测试结束，关闭电源，用放电棒充分放电后拆除试验回路。

（4）试验标准

试验电压 15 kV，加压 1 min，无击穿现象且泄漏电流不大于 6 mA。

4.13.3 绝缘杆试验

（1）试验仪器

GDYD-55M 工频交流耐压试验装置。

（2）试验接线

如图 41 所示。

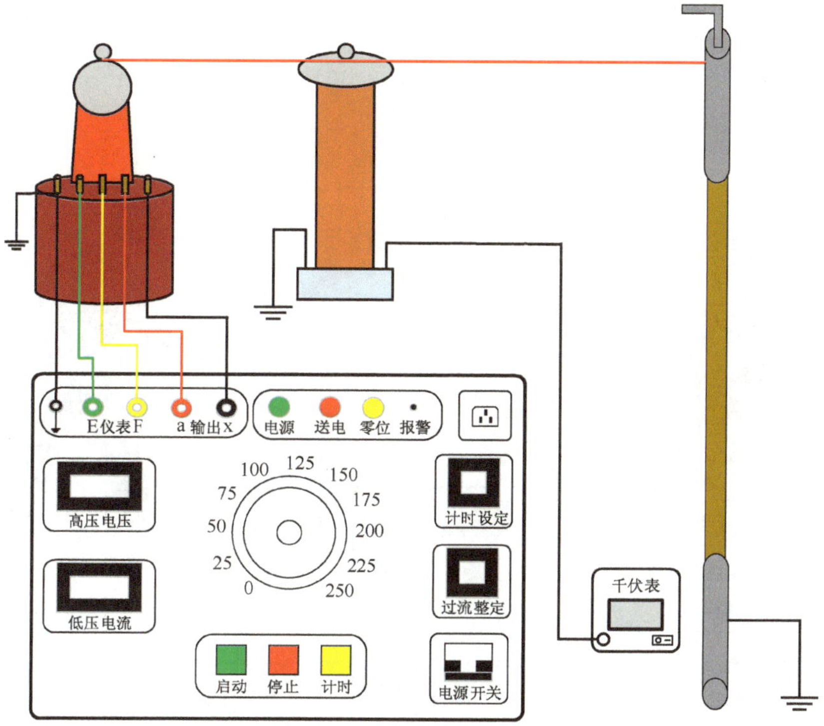

图 41　绝缘操作杆试验

（3）试验步骤

① 按图 41 所示连接试验回路；

② 接通试验装置电源，将调压旋钮置零；

③ 按下启动按钮，旋转调压旋钮缓慢匀速升压至 45 kV，开始计时 60 s，计时结束快速稳定降压至零位，按下停止按钮；

④ 测试结束，关闭电源，用放电棒充分放电后拆除试验回路。

（4）试验标准

试验电压 45 kV，加压 1 min，不应发生闪络或击穿，试验后应无放电、灼伤痕迹，无明显发热现象。

4.13.4 验电器启动电压试验

（1）试验仪器

GDYD-55M 工频交流耐压试验装置。

（2）试验接线

如图42所示。

（3）试验步骤

① 按图42所示连接试验回路；

② 按下验电器自检按钮，检查验电器功能是否正常；

③ 自检正常后，一人手持验电器手柄将验电器测试端触碰试变高压输出端，另一人接通试验装置电源缓慢匀速旋转调压器手柄升压，待验电器发出声光信号，记录验电器启动时的电压值，快速稳定降压至零位；

④ 测试结束，关闭电源，用放电棒充分放电后拆除试验回路。

（4）试验标准

起动电压在额定电压的10%～45%。

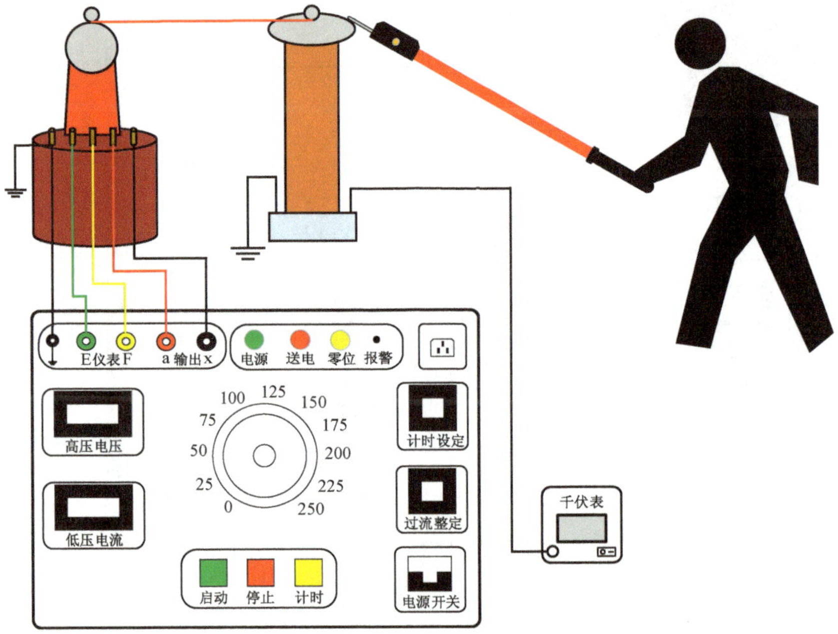

图42　验电器启动电压试验

4.13.5　验电器交流耐压试验

（1）试验仪器

GDYD-55M工频交流耐压试验装置。

（2）试验接线

如图43所示。

（3）试验步骤

① 按图43所示连接试验回路；

② 接通试验装置电源，将调压旋钮置零；

③ 按下启动按钮，旋转调压旋钮缓慢匀速升压至试验电压，开始计时60 s，计时结束快速稳定降压至零位，按下停止按钮；

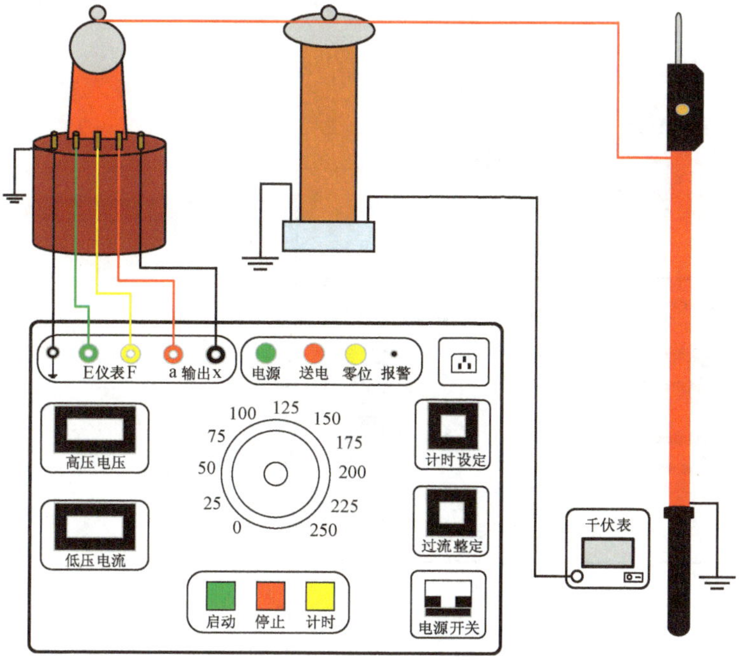

图 43　验电器交流耐压试验

④ 测试结束,关闭电源,用放电棒充分放电后拆除试验回路。

(4) 试验标准(表 8)

表 8　验电器交流耐压试验标准

验电器电压等级	试验电压 U_t
110 kV	220 kV
35 kV	95 kV
10 kV	45 kV

加压 1 min,不应发生闪络或击穿,试验后应无放电、灼伤痕迹,无明显发热现象。

4.13.6　绝缘垫试验

(1) 试验仪器

GDYD-55M 工频交流耐压试验装置。

(2) 试验接线

如图 44 所示。

(3) 试验步骤

① 按图 44 所示连接试验回路,在绝缘垫上下铺设绝缘垫四周小于 200 mm 的湿布;

② 接通试验装置电源,将调压旋钮置零;

③ 按下启动按钮,旋转调压旋钮缓慢匀速升压至 15 kV,开始计时 60 s,计时结束快速稳定降压至零位,按下停止按钮;

④ 测试结束,关闭电源,用放电棒充分放电后拆除试验回路。

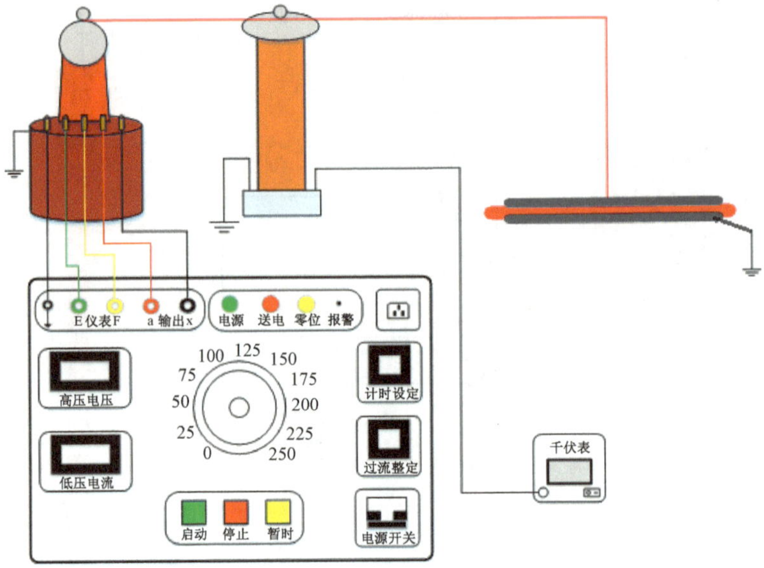

图 44　绝缘垫试验

（4）试验标准

试验电压 15 kV，加压 1 min，无击穿现象且无灼伤明显发热。

4.14　绝缘油

4.14.1　绝缘强度测试

（1）试验仪器

JY6611 绝缘强度测试仪，如图 45 所示。

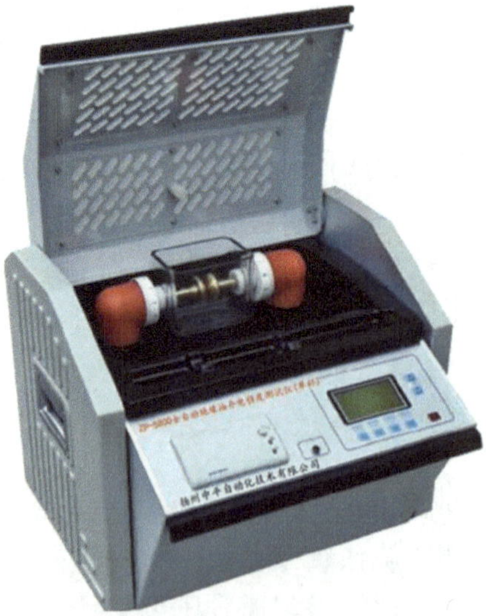

图 45　绝缘强度测试仪

（2）试验步骤

① 用 2.5 mm 标准规尺调整电极间距；

② 将油样倒入油杯内，放入搅拌子，关闭上盖板；

③ 拉出前面板打开电源，进入主菜单，选择“耐压测试（国际测试 2002 版）”；

④ 按下“确定”键开始试验，仪器按照程序自动升压测试 5 次；

⑤ 测试结束，记录试验结果，计算 5 次平均值，记为击穿电压；

⑥ 关闭电源，将试验后油样倒入废油桶并清理仪器。

（3）试验标准

① 35 kV 变压器油≥35 kV；

② 110 kV 变压器油≥40 kV。

4.14.2 闭口闪点测试

（1）试验仪器

JBS 全自动闭口闪点测试仪，如图 46 所示。

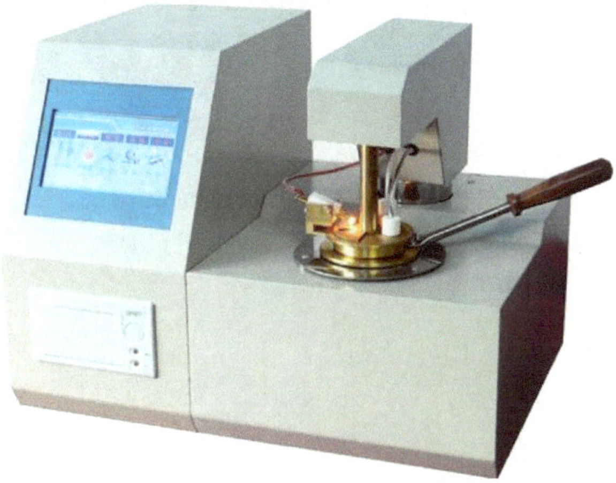

图 46 闭口闪点测试仪

（2）试验步骤

① 接通测试仪电源，点击“自检”键，进行仪器自检；

② 取油样倒入试验杯至刻度线；

③ 点击“参数设定”，设定预闪值为 105℃；

④ 点击“开始试验”，等待测试结果并记录；

⑤ 测试结束，关闭电源，将试验后油样倒入废油桶并清理仪器。

（3）试验标准

① 25 号变压器油≥135℃；

② 45 号变压器油≥130℃。

4.14.3 介质损耗及体积电阻率测试

（1）试验仪器

JDC-1A 全自动绝缘油介质损耗及电阻率测试仪，如图 47 所示。

（2）试验步骤

① 接通测试仪电源，用油样冲洗电极杯；

② 向电极杯中注入待测油样至电极杯 2/3 处；

③ 点击“确认”键，选择测试项目：介质损耗、体积电阻率；

④ 点击“开始试验”键，等待测试结果并记录；

⑤ 测试结束，关闭电源，将试验后油样倒入废油桶并清理仪器。

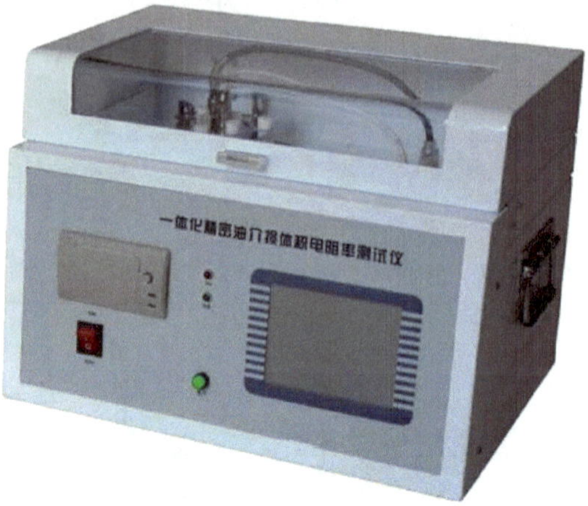

图 47　介损及电阻率测试仪

（3）试验标准

① $\tan\delta \leqslant 4\%$；

② 体积电阻率（90℃）$\geqslant 5\times10^{9}\ \Omega\cdot m$。

4.14.4　酸值测试

（1）试验仪器

BSC-2 绝缘油酸值自动测试仪，如图 48 所示。

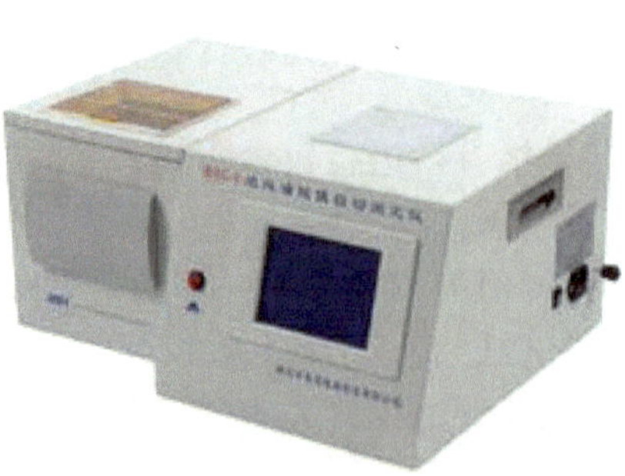

图 48　绝缘油酸值自动测试仪

（2）试验步骤

① 接通测试仪电源，放置废油杯；

② 点击“系统设置”，选择“初始化”进行初始化清洗；

③ 清洗完成，点击“开始试验”，选择油样类型，放入 10 mL 待测油样及搅拌子；

④ 点击“确认”键，等待测试结果并记录；

⑤ 测试结束，关闭电源，将试验后油样倒入废油桶并清理仪器。

（3）试验标准

酸值≤0.1 mg KOH/g。

4.14.5 水溶性酸 pH 测试

（1）试验仪器

JS-3 水溶性酸测试仪，如图 49 所示。

图 49　水溶性酸测试仪

（2）试验步骤

① 接通测试仪电源，取 50 mL 油样倒入锥形瓶，取 50 mL 蒸馏水倒入另一锥形瓶，压好挡板；

② 点击“开始试验”，选择测试杯位，选择测试模式：自动测试Ⅰ；

③ 点击“确认”键，等待测试结果并记录；

④ 测试结束，关闭电源，将试验后油样倒入废油桶并清理仪器。

（3）试验标准

水溶性酸 pH≥4.2。

4.14.6 微量水分测试

（1）试验仪器

CA-21 微量水分测定仪，如图 50 所示。

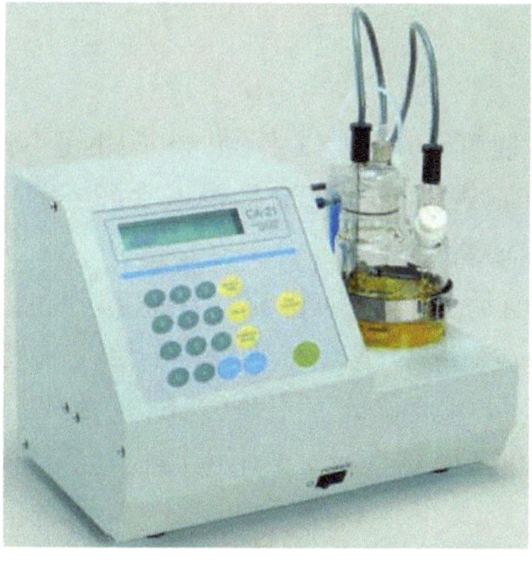

图 50　微量水分测定仪

(2) 试验步骤

① 接通测试仪电源,点击“START”开始脱水,点击“STIRRER SPEED”设定脱水速度为 4;

② 待“嘀”三声后表示脱水结束;

③ 将 10 mL 油样注入滴定池,点击“START”开始试验;

④ 测试结束,“嘀”三声,显示 Ready;

⑤ 按“SAMPLE SIZE”,输入样品量,确定后,等待测试结果并记录;

⑥ 测试结束,关闭电源,将试验后油样倒入废油桶并清理仪器。

(3) 试验标准

微量水分≤35 mg/L。

4.14.7 色谱分析

(1) 试验仪器

中分 2 000 A 气相色谱分析仪,工作站各部件构成及联接如图 51 所示,色谱分析仪操作面板如图 52 所示。

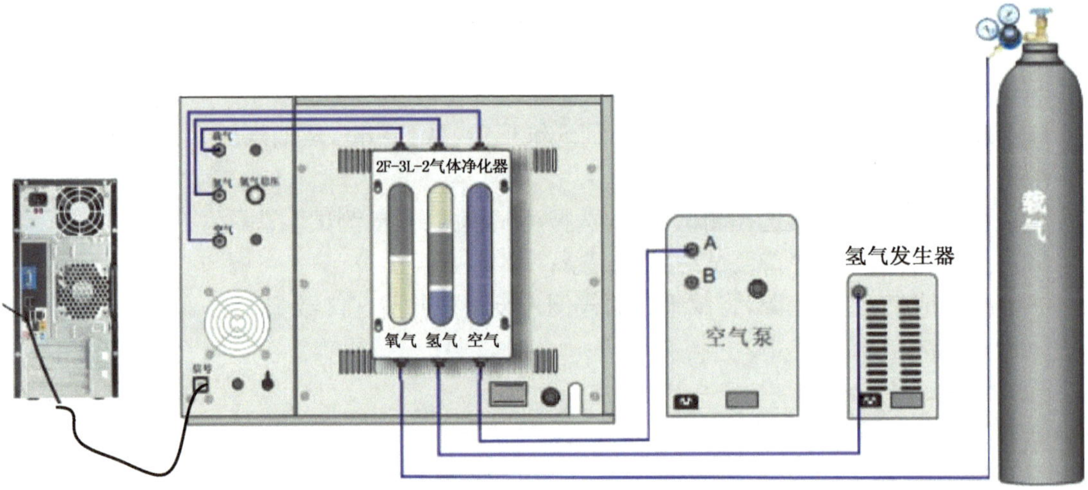

图 51　色谱分析工作站各部件构成

(2) 试验步骤

① 开机流程

(a) 依次打开三路气源,通气 10 min 以上(如果长时间不用,通气时间加长)。观察压力表指针是否达到原先的数值,观察载气流量是否正常(20~120 mL/ min)。

(b) 点击运行键升温。

(c) 各路温度达到设定值后,点火、加桥流。注意:判断点火是否成功的方法:用光滑的冷金属表面放在氢焰出口处,观察是否有水蒸气凝结;或者观察通道一和通道二的基线,如果基线突然上升,然后回落且稳定后比原来的基线高,证明点火成功。加桥流:点击热导,按运行键。整个开机流程结束后,要让色谱仪运行 30 min 左右,等基线稳定了再进标气。

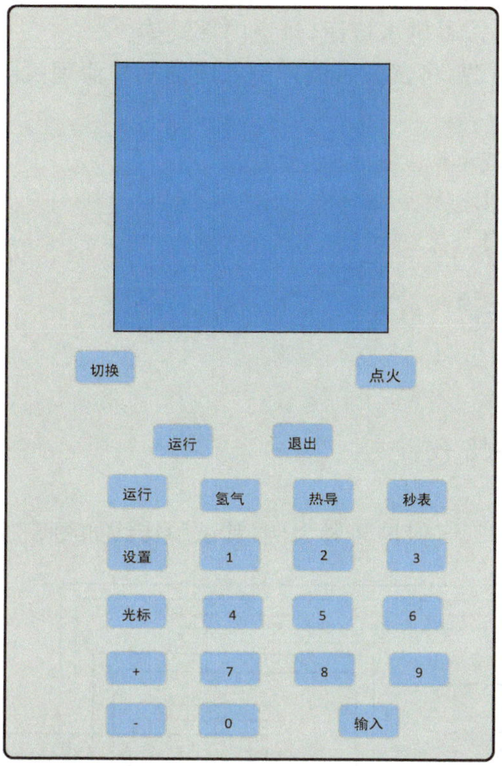

图 52 色谱分析仪操作面板

(d) 点击标样按钮,然后点确定。

(e) 用 1 mL 针管取标气。先用标气洗 3 次,然后抽取 1 mL 标准气。

(f) 进气过程注意做到"三快":进针快、打针快、拔针快。

② 油样制备

(a) 取 100 mL 针管 2 个,5 mL 针管两个,1 mL 针管 1 个,橡胶封帽若干。

(b) 取 100 mL 针管,抽取本体油清洗 2～3 次,然后准确取本体油 40 mL。

(c) 取 5 mL 针管,用氮气冲洗 3 次以上,然后取 5 mL 氮气,注入装有 40 mL 本体油的 100 mL针管,然后把 100 mL 针管放入震荡仪震荡。

(d) 取 5 mL 针管用本体油冲洗 3 次,然后取 0.5 mL 本体油用橡胶封帽封住。

(e) 震荡结束后,立即取出油样,把样气转移到装有 0.5 mL 本体油的 5 mL 针管。

(f) 把脱气的体积,即脱气量输入工作站即可进样分析。

③ 进样分析

(a) 点击"样品",输入脱气量,选择设备、操作人员。然后点"确定"。

(b) 进样气。先用氮气清洗 1 mL 针管 3 次以上,然后取 1 mL 样气,注入进样口,仪器自动进行分析并呈现分析结果。

④ 关机流程

(a) 先关工作站和色谱仪。

(b) 通气半小时后关闭各路气源。

(c) 关闭空气泵电源,按下排水按钮,排空内部气体。

(d) 测试结束,关闭电源,将试验后油样倒入废油桶并清理仪器。

(3) 试验标准

① 总烃含量≤150 μL/L;

② H_2含量≤150 μL/L;

③ C_2H_2含量≤5 μL/L。

4.15 主变差动微机保护

4.15.1 采样检查

(1) 试验仪器

PW4361E 继电保护测试仪。

(2) 试验接线

以南瑞继保 RCS-9671CS 保护装置为例,其试验接线如图 53 所示。

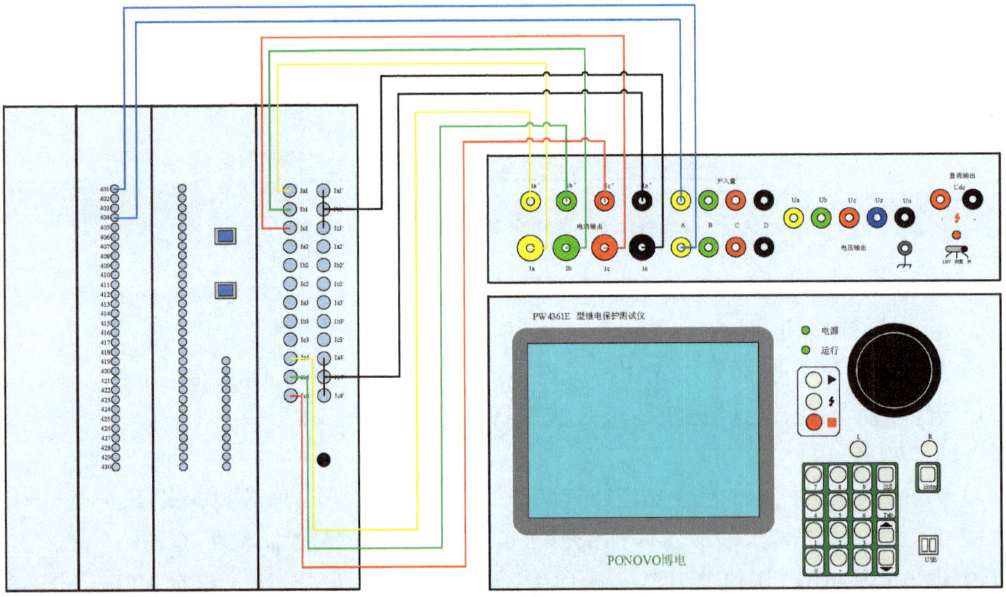

图 53 采样检查

(3) 试验步骤

在保护测试仪界面中选择“手动试验(6×I)”单元,在 I_a、I_b、I_c、I_a'、I_b'、I_c' 中分别输入电流进行采样,观察保护装置的显示值与输出值是否一致。

(4) 试验标准

保护装置的显示值与继电保护测试仪的输出值误差应小于±2.5%。

4.15.2 差动速断校验

(1) 试验仪器

PW4361E 继电保护测试仪。

（2）试验接线

以南瑞继保 RCS-9671CS 保护装置为例，其试验接线如图 54 所示。

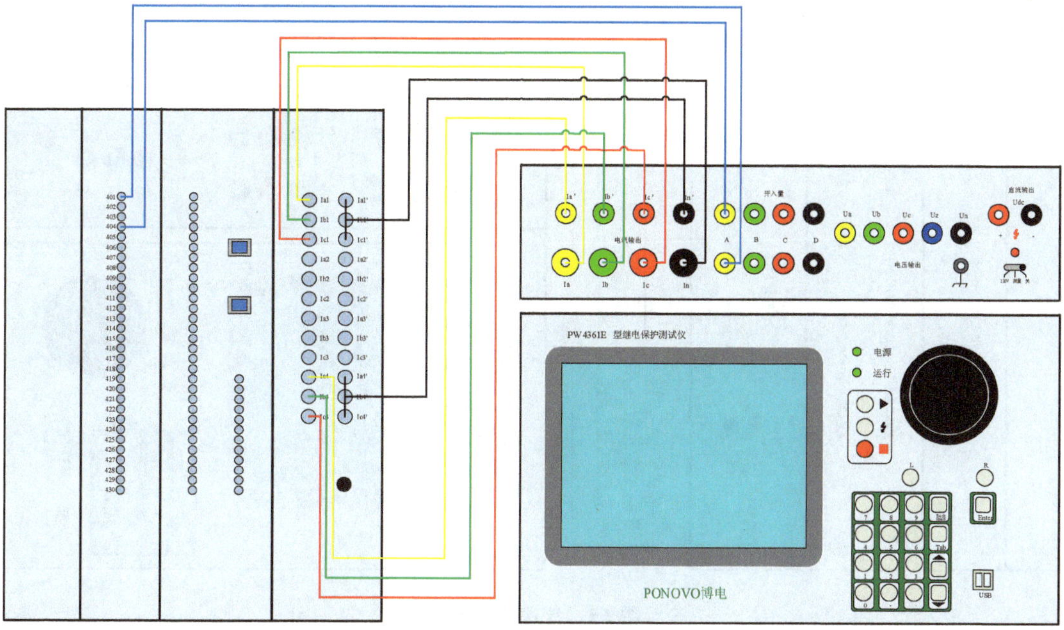

图 54　差动速断校验

（3）试验步骤

① 计算（以高压侧为例）

(a) 差动速断定值 $= N \times I_e$（N 为保护装置整定值）；

(b) 高压侧额定电流标幺值 $I_e = (S \times CT_{12})/(U_{1n} \times CT_{11})$。

② 测试

(a) 在保护装置中将“比率差动保护”控制字置“0”；

(b) 测试 A 相动作值时，选择“手动试验（$6 \times I$）”单元，在 I_a 中输入小于且接近差动速断保护动作的定值，将变量 I_a 的变化步长设置为 0.1 A，点击进入试验，按逐渐增加电流使差动速断保护动作，并记录动作值；

(c) 测试 B 相、C 相时，方法与 A 相测试方法相同。

（4）试验标准

差动速断保护的实际动作值应在整定值的 0.95 倍与 1.05 倍之间。

4.15.3　比率差动校验

（1）试验仪器

PW4361E 继电保护测试仪。

（2）试验接线

以南瑞继保 RCS-9671CS 保护装置为例，其试验接线如图 55 所示。

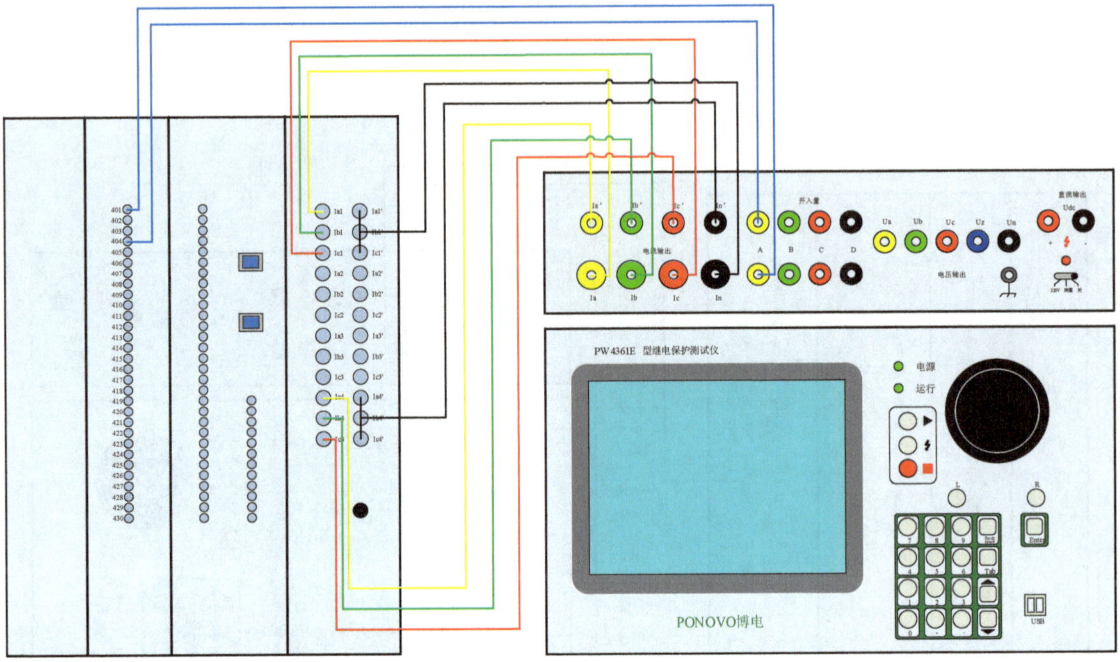

图 55　比率差动校验

(3) 试验步骤

① 计算

(a) 比率差动的动作方程为：

差动电流：$I_d = | i_1 + i_2 |$　　　制动电流：$I_r = 0.5(| i_1 | + | i_2 |)$

$I_d > I_{cdqd}$　　　$I_r \leqslant 0.5I_e$

$I_d - I_{cdqd} > k_{bl} \times (I_r - 0.5I_e)$　　　$0.5I_e < I_r < 3I_e$

$I_d - I_{cdqd} - k_{bl} \times 2.5I_e > I_r - 3I_e$　　　$I_r > 3I_e$

(b) 根据动作方程和保护装置的实际整定值设定 5 个合理的动作点。

② 测试

(a) 在保护装置中将“比率差动保护”控制字置“1”。

(b) 测试 A 相比率差动动作特性时，选择“手动试验 $(6 \times I)$”单元，在 I_a、I_a' 中根据选择的动作点输入合适的电流值，保护装置通过变压器容量、变压器各侧额定电压和各侧 CT 变比及接线方式自动进行各侧平衡系数的计算，因此单相校验的过程中需要增加相应的补偿电流，例如变压器接线组别为 $Y/\Delta - 11$，具体增加补偿电流方法如下：在测试 A 相时，如设定 I_a 的角度为 0°，应设定 I_a' 的角度为 180°，同时补偿一个与 I_a' 数值相同、角度相反的 I_c' 作为补偿；如测试 B 相时，用 I_a' 作为补偿；测试 C 相时，则用 I_b' 作为补偿。保持 I_a' 的电流值不变，增大 I_a 的电流值，待保护动作时，记录 I_a、I_a' 的数值。

(c) 测试 B 相、C 相时，方法与 A 相测试方法相同。

(4) 试验标准

测试 A、B、C 三相的比率差动得出的实际动作值，应与比率差动特性曲线大致相同。

4.15.4 二次谐波制动系数校验

（1）试验仪器

PW4361E 继电保护测试仪。

（2）试验接线

以南瑞继保 RCS-9671CS 保护装置为例，其试验接线如图 56 所示。

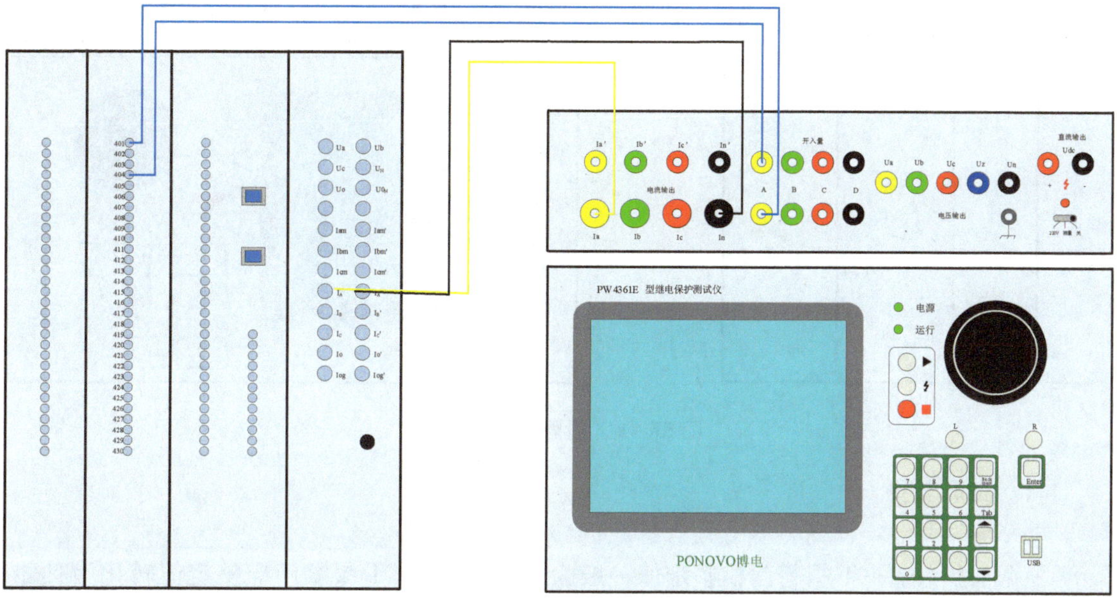

图 56 二次谐波制动系数校验

（3）试验步骤

① 测试

进入保护装置谐波制动校验模块。测试时设置 A 相电流基波为高压侧比率差动启动值的 3 倍，设置 A 相电流二次谐波略高于基波值乘以谐波制动系数，将 A 相电流二次谐波的变化步长设置为 0.01 A，点击进入试验，按逐渐减少 A 相电流二次谐波的值，直至保护装置动作，记录 A 相电流二次谐波动作数值。

② 计算

用保护装置动作时的 A 相电流二次谐波的值除以 A 相电流基波即为保护装置二次谐波制动的校验值。

③ 试验标准

二次谐波制动的校验值与整定值误差应小于±5%。

4.15.5 CT 报警门槛值校验

（1）试验仪器

PW4361E 继电保护测试仪。

（2）试验接线

以南瑞继保 RCS-9671CS 保护装置为例，其试验接线如图 57 所示。

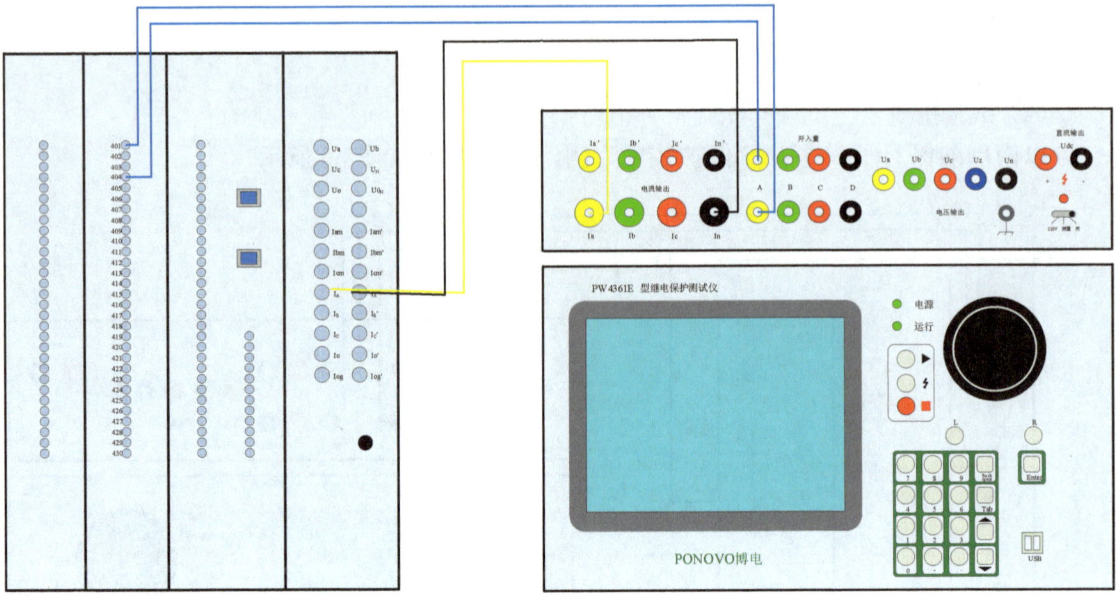

图 57　CT 报警门槛值校验

(3) 试验步骤

① 计算

根据保护装置 CT 报警门槛整定值一般为 I_e 倍数，将 CT 报警门槛整定值转化为具体电流值。

② 测试

选择“手动试验”单元，在 ABC 任意相电流选项中输入小于且接近过 CT 报警门槛动作的定值，将变量的变化步长设置为 0.01 A，点击进入试验，按逐渐增加电流使 CT 报警门槛动作，并记录动作值。

(4) 试验标准

实际动作值应在整定值的 0.95 倍与 1.05 倍之间，动作时间应与整定时间大致相同。

4.16　主变后备微机保护

4.16.1　采样检查

(1) 试验仪器

PW4361E 继电保护测试仪。

(2) 试验接线

以南瑞继保 RS-9681CS 保护装置为例，其试验接线如图 58 所示。

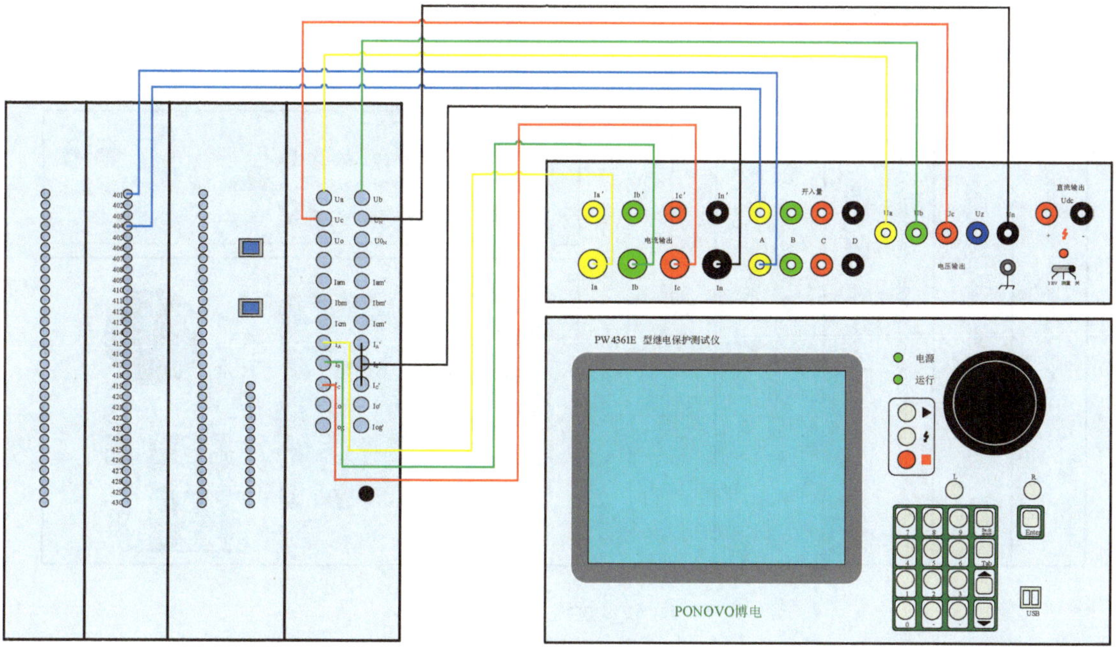

图 58　采样检查

(3) 试验步骤

在保护测试仪界面中选择“手动试验”单元，在 U_a、U_b、U_c、I_a、I_b、I_c 中分别输入电压、电流进行采样，观察保护装置的显示值与输出值是否一致。

(4) 试验标准

保护装置的显示值与继电保护测试仪的输出值误差应小于±2.5%。

4.16.2　过流Ⅰ段校验

(1) 试验仪器

PW4361E 继电保护测试仪。

(2) 试验接线

以南瑞继保 RS-9681CS 保护装置为例，其试验接线如图 59 所示。

(3) 试验步骤

① 在保护装置中将“过流Ⅱ段”控制字置“0”；

② 测试 A 相动作值时，选择“手动试验”单元，在 I_a 中输入小于且接近过流Ⅰ段保护动作的定值，将变量 I_a 的变化步长设置为 0.1A，点击▶进入试验，按▲逐渐增加电流使过流Ⅰ段保护动作，并记录动作值；

③ 测试 A 相动作时间时，选择“线路保护定值校验”单元，设置故障类型为“A 相接地”，在“整定定值”中输入保护实际动作值，并在“整定倍数”1.05 的方框处打勾，添加测试项，点击▶进入试验，试验完毕后，记录操作界面下方方框中显示的动作时间；

④ 测试 B 相、C 相时，方法与 A 相测试方法相同。

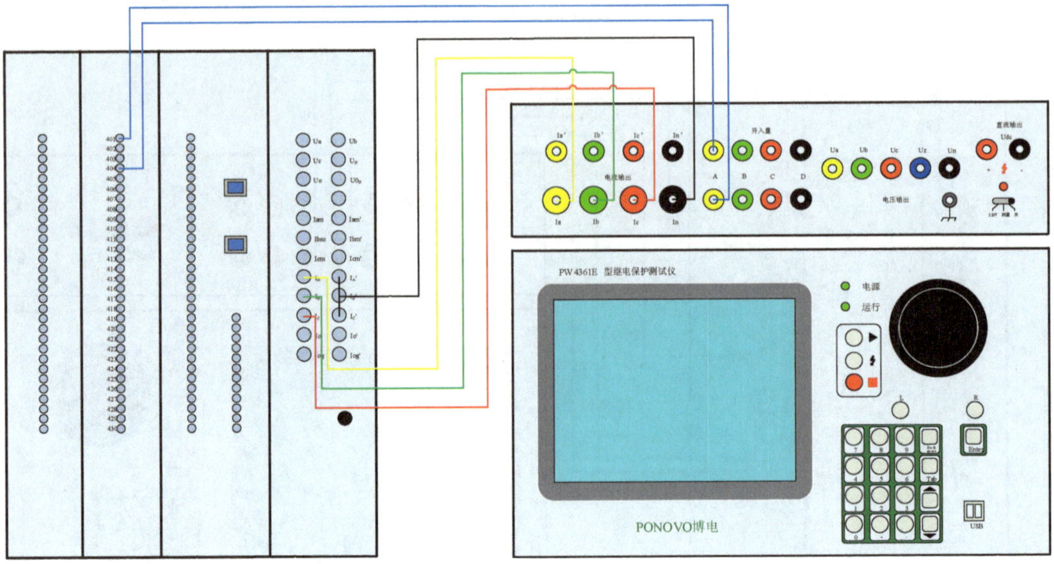

图 59　过流Ⅰ段校验

(4) 试验标准

实际动作值应在整定值的 0.95 倍与 1.05 倍之间，动作时间应与整定时间大致相同。

4.16.3　过流Ⅱ段校验

(1) 试验仪器

PW4361E 继电保护测试仪。

(2) 试验接线

以南瑞继保 RS-9681CS 保护装置为例，其试验接线如图 60 所示。

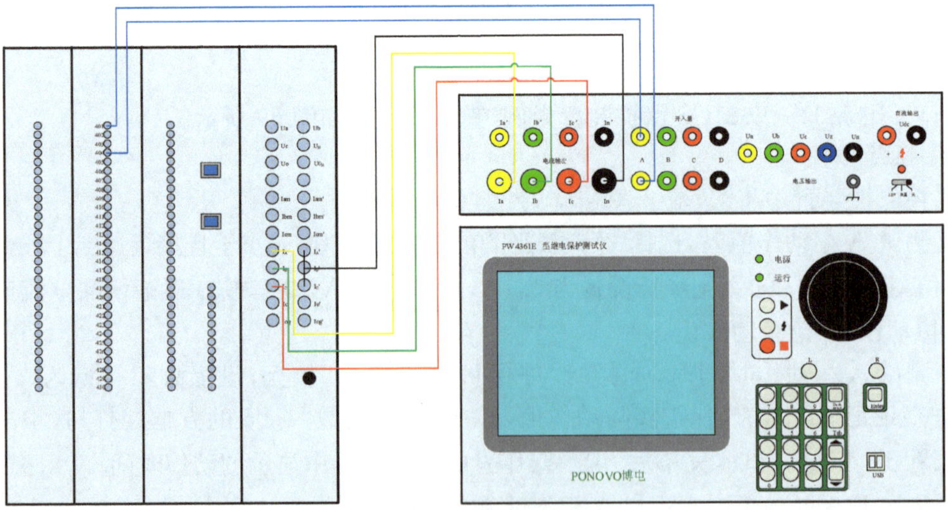

图 60　过流Ⅱ段校验

(3) 试验步骤

① 在保护装置中将“过流Ⅱ段”控制字置“1”；

② 在保护装置中将“过流Ⅱ段”的动作时间设为 0 s；

③ 测试 A 相动作值时，选择“手动试验”单元，在 I_a 中输入小于且接近过流Ⅱ段保护动作的定值，将变量 I_a 的变化步长设置为 0.1A，点击进入试验，按逐渐增加电流使过流Ⅱ段保护动作，并记录动作值；

④ 在保护装置中将“过流Ⅱ段”的动作时间设为整定值；

⑤ 测试 A 相动作时间时，选择“线路保护定值校验”单元，设置故障类型为“A 相接地”，在“整定定值”中输入保护实际动作值，并在“整定倍数”1.05 的方框处打勾，添加测试项，点击进入试验，试验完毕后，记录操作界面下方方框中显示的动作时间；

⑥ 测试 B 相、C 相时，方法与 A 相测试方法相同。

(4) 试验标准

实际动作值应在整定值的 0.95 倍与 1.05 倍之间，动作时间应与整定时间大致相同。

4.16.4 零序过流Ⅰ段校验

(1) 试验仪器

PW4361E 继电保护测试仪。

(2) 试验接线

以南瑞继保 RS-9681CS 保护装置为例，其试验接线如图 61 所示。

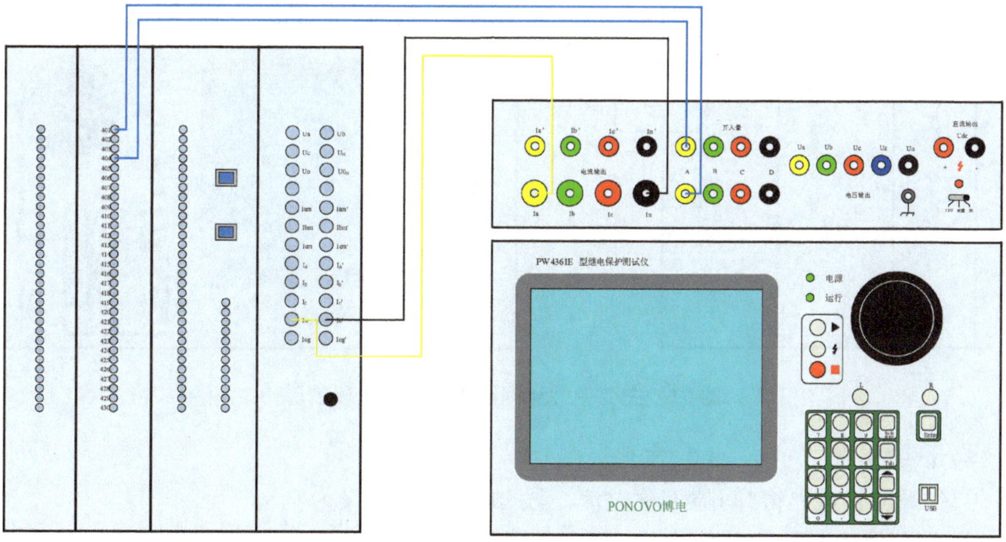

图 61　零序过流Ⅰ段校验

(3) 试验步骤

① 在保护装置中将“零序过流Ⅰ段”的动作时间设为 0 s；

② 选择“手动试验”单元，在 I_a 中输入小于且接近零序过流Ⅰ段保护动作的定值，将变量 I_a 的变化步长设置为 0.01 A，点击进入试验，按逐渐增加电流使零序过流Ⅰ段保护动作，并记录动作值；

③ 在保护装置中将“零序过流Ⅰ段”的动作时间设为整定值；

④ 选择“线路保护定值校验”单元，设置故障类型为“A 相接地”，在“整定定值”中输入保护实际动作值，并在“整定倍数”1.05 的方框处打勾，添加测试项，点击进入试验，试验完毕后，记录操作界面下方方框中显示的动作时间。

(4) 试验标准

零序过流Ⅰ段保护的实际动作值应在整定值的 0.95 倍与 1.05 倍之间，动作时间应与整定时间大致相同。

4.16.5 主变中性点间隙零序过流Ⅰ段校验

(1) 试验仪器

PW4361E 继电保护测试仪。

(2) 试验接线

以南瑞继保 RS-9681CS 保护装置为例，其试验接线如图 62 所示。

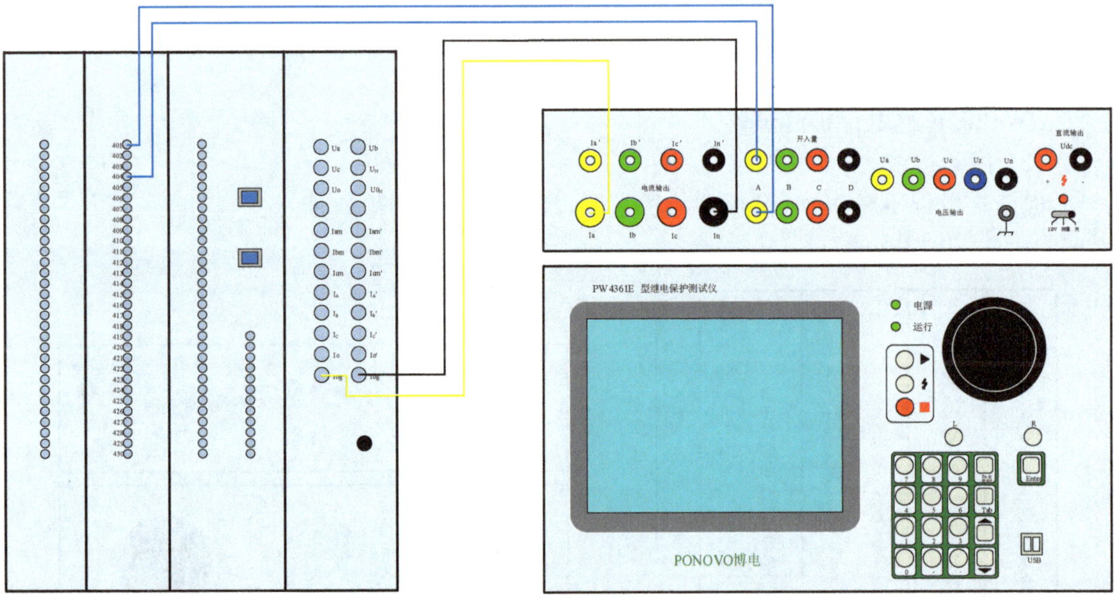

图 62　主变中性点间隙零序过流Ⅰ段校验

(3) 试验步骤

① 在保护装置中将“间隙零序过流Ⅰ段”的动作时间设为 0 s；

② 选择“手动试验”单元，在 I_a 中输入小于且接近主变中性点间隙零序过流Ⅰ段保护动作的定值，将变量 I_a 的变化步长设置为 0.01 A，点击进入试验，按逐渐增加电流使主变中性点间隙零序过流Ⅰ段保护动作，并记录动作值；

③ 在保护装置中将“间隙零序过流Ⅰ段”的动作时间设为整定值；

④ 选择“线路保护定值校验”单元，设置故障类型为“A 相接地”，在“整定定值”中输入保护实际动作值，并在“整定倍数”1.05 的方框处打勾，添加测试项，点击进入试验，试验完毕后，记录操作界面下方方框中显示的动作时间。

(4) 试验标准

实际动作值应在整定值的 0.95 倍与 1.05 倍之间，动作时间应与整定时间大致相同。

4.17 主变非电量微机保护

(1) 试验仪器

数字式万用表、短接线。

(2) 试验步骤

① 打开主变本体气体继电器外壳，根据接线图，短接轻瓦斯信号节点，短接重瓦斯跳闸节点，检查微机保护装置对应保护是否动作；

② 在主变本体端子箱分别短接压力释放、超温发信、超温跳闸和油位异常节点，检查微机保护装置对应保护是否动作。

(3) 试验标准

所试非电量保护均应可靠动作。

4.18 进线微机保护

4.18.1 采样检查

(1) 试验仪器

PW4361E 继电保护测试仪。

(2) 试验接线

以南瑞继保 RCS-9611CS 保护装置为例，其试验接线如图 63 所示。

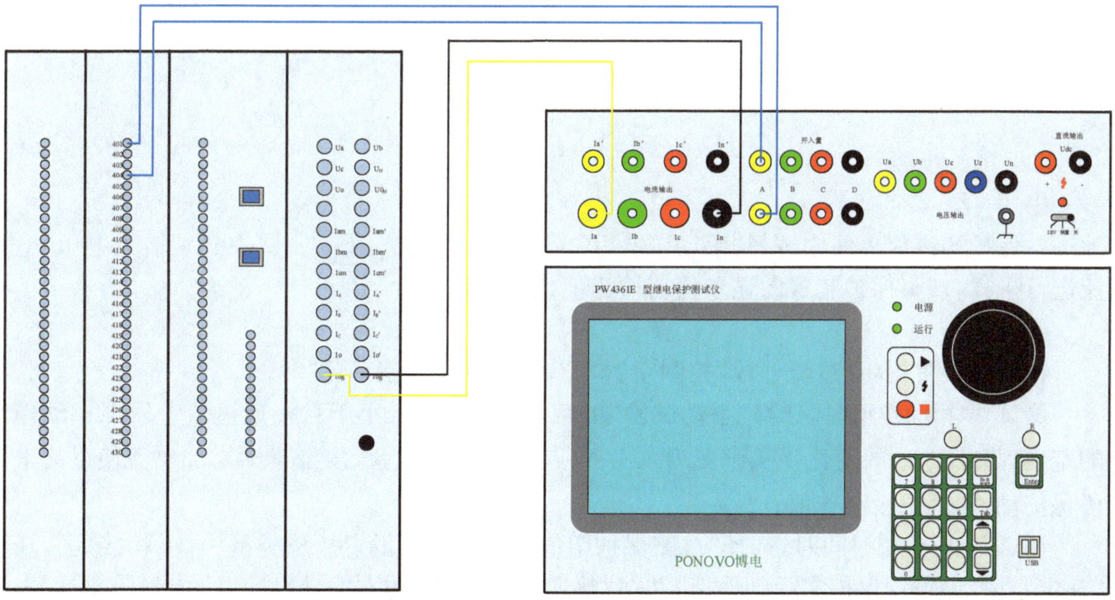

图 63 采样检查

(3) 试验步骤

在保护测试仪界面中选择“手动试验”单元，在 U_a、U_b、U_c、I_a、I_b、I_c 中分别输入电压、电流进行采样，观察保护装置的显示值与输出值是否一致。

(4) 试验标准

保护装置的显示值与继电保护测试仪的输出值误差应小于±2.5%。

4.18.2 过流Ⅰ段校验

(1) 试验仪器

PW4361E继电保护测试仪。

(2) 试验接线

以南瑞继保RCS-9611CS保护装置为例，其试验接线如图64所示。

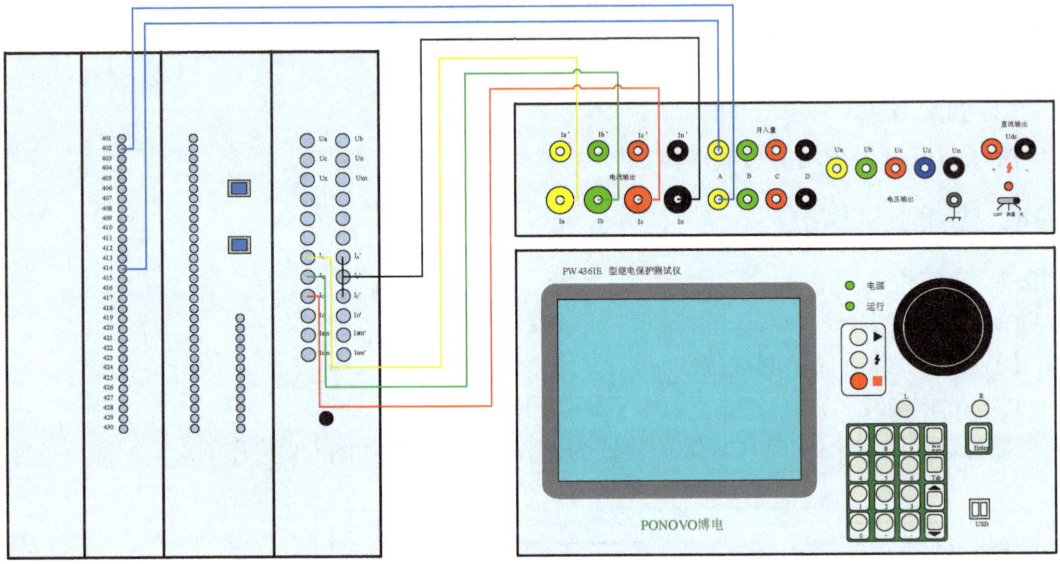

图64 过流Ⅰ段校验

(3) 试验步骤

① 采样

在保护测试仪界面中选择"手动试验"单元，在U_a、U_b、U_c、I_a、I_b、I_c中分别输入电压、电流进行采样，观察保护装置的显示值与输出值是否一致。

② 测试

在保护装置中将"过流Ⅱ段"控制字置"0"，"过负荷"控制字置"0"；

测试A相动作值时，选择"手动试验"单元，在I_a中输入小于且接近过流Ⅰ段保护动作的定值，将变量I_a的变化步长设置为0.1 A，点击▶进入试验，按▲逐渐增加电流使过流Ⅰ段保护动作，并记录动作值；

测试A相动作时间时，选择"线路保护定值校验"单元，设置故障类型为"A相接地"，在"整定定值"中输入保护实际动作值，并在"整定倍数"1.05的方框处打勾，添加测试项，点击▶进入试验，试验完毕后，记录操作界面下方方框中显示的动作时间；

测试B相、C相时，方法与A相测试方法相同。

（4）试验标准

实际动作值应在整定值的 0.95 倍与 1.05 倍之间，动作时间应与整定时间大致相同。

4.18.3 过流Ⅱ段校验

（1）试验仪器

PW4361E 继电保护测试仪。

（2）试验接线

以南瑞继保 RCS-9611CS 保护装置为例，其试验接线如图 65 所示。

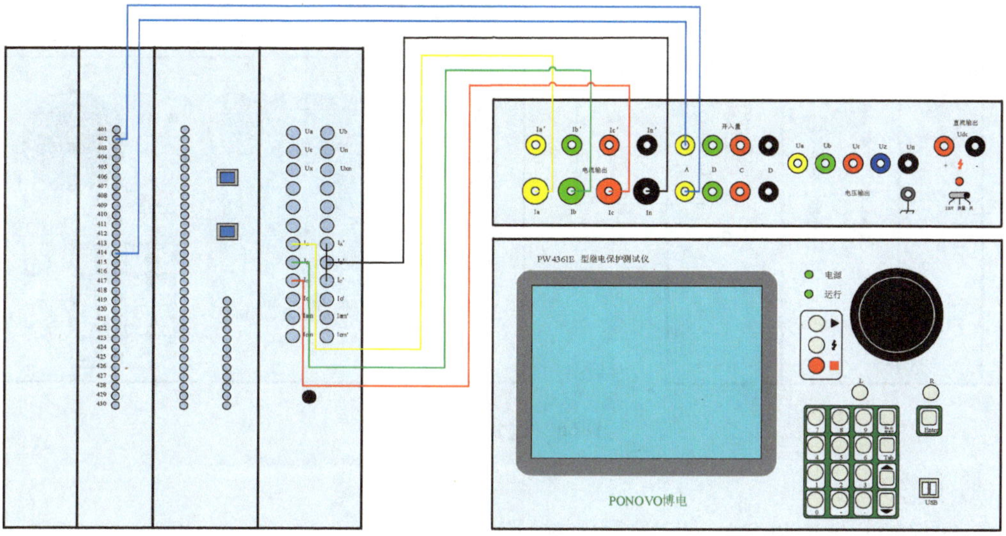

图 65 过流Ⅱ段校验

（3）试验步骤

① 在保护装置中将“过流Ⅱ段”控制字置“1”；

② 在保护装置中将“过流Ⅱ段”的动作时间设为 0 s；

③ 测试 A 相动作值时，选择“手动试验”单元，在 I_a 中输入小于且接近过流Ⅱ段保护动作的定值，将变量 I_a 的变化步长设置为 0.1 A，点击▶进入试验，按▲逐渐增加电流使过流Ⅱ段保护动作，并记录动作值；

④ 在保护装置中将“过流Ⅱ段”的动作时间设为整定值；

⑤ 测试 A 相动作时间时，选择“线路保护定值校验”单元，设置故障类型为“A 相接地”，在“整定定值”中输入保护实际动作值，并在“整定倍数”1.05 的方框处打勾，添加测试项，点击▶进入试验，试验完毕后，记录操作界面下方方框中显示的动作时间；

⑥ 测试 B 相、C 相时，方法与 A 相测试方法相同。

（4）试验标准

实际动作值应在整定值的 0.95 倍与 1.05 倍之间，动作时间应与整定时间大致相同。

4.18.4 过负荷校验

（1）试验仪器

PW4361E 继电保护测试仪。

(2) 试验接线

以南瑞继保 RCS-9611CS 保护装置为例,其试验接线如图 66 所示。

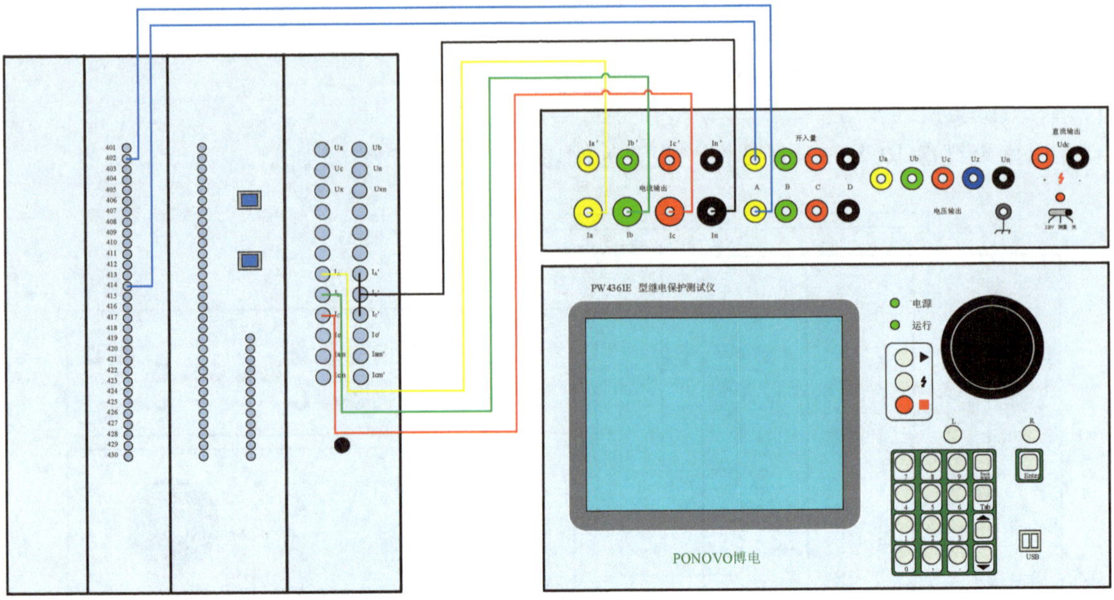

图 66　过负荷校验

(3) 试验步骤

① 在保护装置中将“过负荷”控制字置“1”;

② 在保护装置中将“过负荷”的动作时间设为 0 s;

③ 测试 A 相动作值时,选择“手动试验”单元,在 I_a 中输入小于且接近过负荷保护动作的定值,将变量 I_a 的变化步长设置为 0.1 A,点击进入试验,按逐渐增加电流使过负荷保护动作,并记录动作值;

④ 在保护装置中将“过负荷”的动作时间设为整定值;

⑤ 测试 A 相动作时间时,选择“线路保护定值校验”单元,设置故障类型为“A 相接地”,在“整定定值”中输入保护实际动作值,并在“整定倍数”1.05 的方框处打勾,添加测试项,点击进入试验,试验完毕后,记录操作界面下方方框中显示的动作时间;

⑥ 测试 B 相、C 相时,方法与 A 相测试方法相同。

(4) 试验标准

实际动作值应在整定值的 0.95 倍与 1.05 倍之间,动作时间应与整定时间大致相同。

4.18.5　低电压校验

(1) 试验仪器

PW4361E 继电保护测试仪。

(2) 试验接线

以南瑞继保 RCS-9611CS 保护装置为例,其试验接线如图 67 所示。

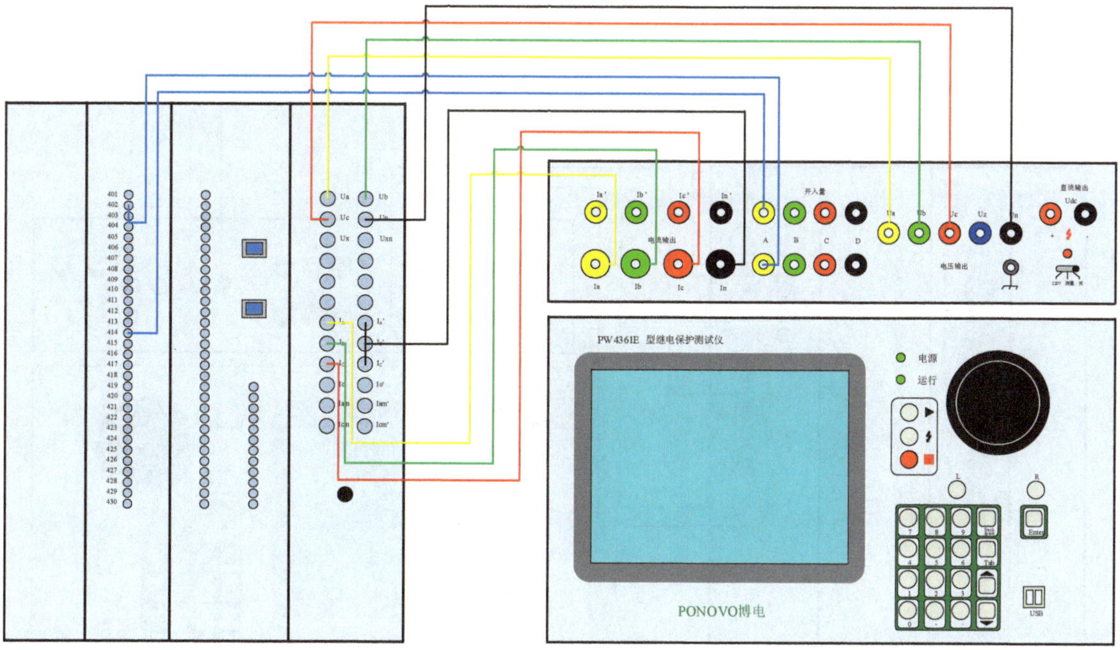

图 67　低电压校验

(3) 试验步骤

① 在保护装置中将“低电压”的动作时间设为 0 s；

② 选择“手动试验”单元，在 I_a、I_b、I_c 中输入 1 A 电流；

③ 在 U_a、U_b、U_c 中输入额定电压值 57.74 V，将变量 U_a、U_b、U_c 的变化步长设置为5 V，点击进入试验，按快速减小电压使电压大于且接近低电压保护动作的定值，再将变量 U_a、U_b、U_c 的变化步长设置为 1 V，逐渐减小电压使低电压保护动作，并记录动作值；

④ 在保护装置中将“低电压”的动作时间设为整定值；

⑤ 选择“手动试验”单元，在 I_a、I_b、I_c 中输入 1 A 电流；

⑥ 在 U_a、U_b、U_c 中输入额定电压 57.74 V，点击进入试验，将主电机断路器合闸，再点击保持按钮；

⑦ 将 U_a、U_b、U_c 电压改为低于低电压保护动作的定值电压，点击释放保持按钮，达到低电压保护动作时间时，保护动作，记录界面下方的动作时间。

(4) 试验标准

实际动作值应在整定值的 0.95 倍与 1.05 倍之间，动作时间应与整定时间大致相同。

4.19　站(所)变微机保护

4.19.1　采样检查

(1) 试验仪器

PW4361E 继电保护测试仪。

（2）试验接线

以南瑞继保 RCS-9621CS 保护装置为例，其试验接线如图 68 所示。

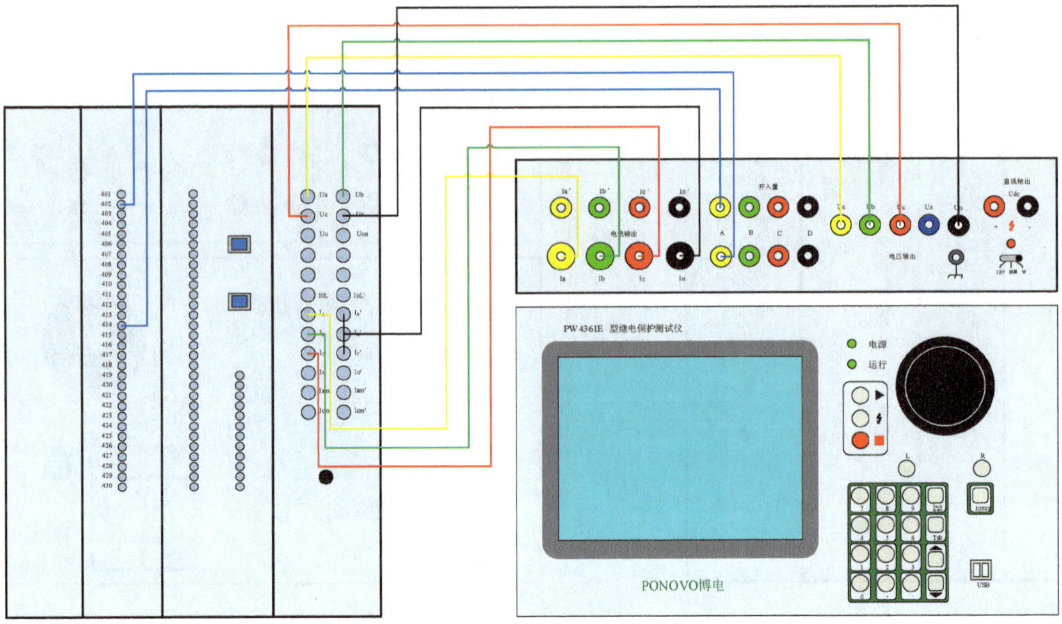

图 68　采样检查

（3）试验步骤

在保护测试仪界面中选择“手动试验”单元，在 U_a、U_b、U_c、I_a、I_b、I_c 中分别输入电压、电流进行采样，观察保护装置的显示值与输出值是否一致。

（4）试验标准

保护装置的显示值与继电保护测试仪的输出值误差应小于±2.5%。

4.19.2　过流Ⅰ段校验

（1）试验仪器

PW4361E 继电保护测试仪。

（2）试验接线

以南瑞继保 RCS-9621CS 保护装置为例，其试验接线如图 69 所示。

（3）试验步骤

① 在保护装置中将“过流Ⅱ段”控制字置“0”；

② 测试 A 相动作值时，选择“手动试验”单元，在 I_a 中输入小于且接近过流Ⅰ段保护动作的定值，将变量 I_a 的变化步长设置为 0.1A，点击▶进入试验，按▲逐渐增加电流使过流Ⅰ段保护动作，并记录动作值；

③ 测试 A 相动作时间时，选择“线路保护定值校验”单元，设置故障类型为“A 相接地”，在“整定定值”中输入保护实际动作值，并在“整定倍数”1.05 的方框处打勾，添加测试项，点击▶进入试验，试验完毕后，记录操作界面下方方框中显示的动作时间；

④ 测试 B 相、C 相时，方法与 A 相测试方法相同。

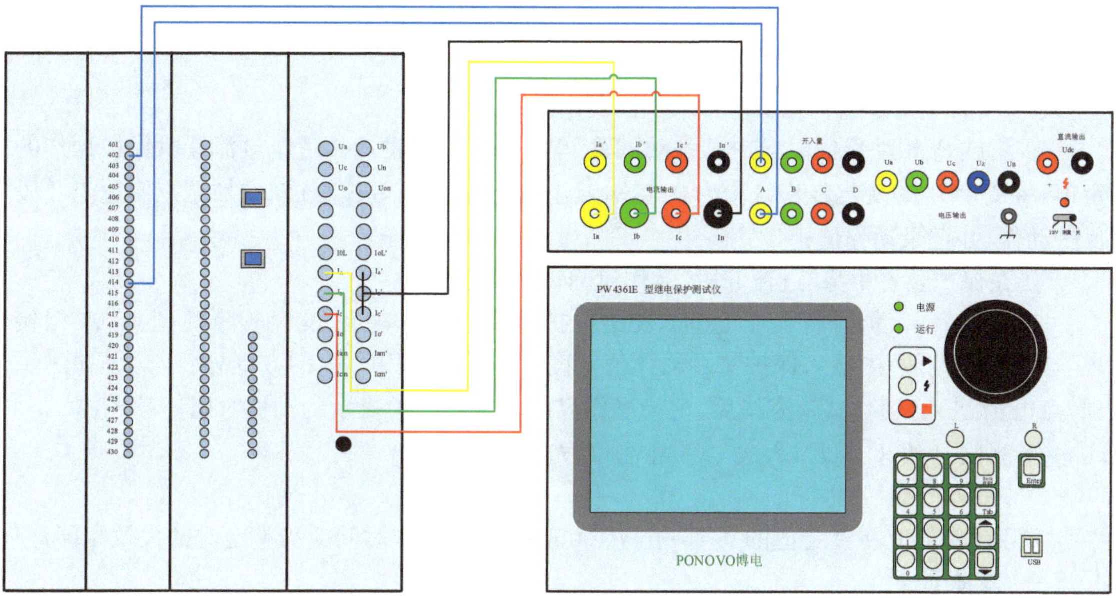

图 69　过流Ⅰ段校验

（4）试验标准

实际动作值应在整定值的 0.95 倍与 1.05 倍之间，动作时间应与整定时间大致相同。

4.19.3　过流Ⅱ段校验

（1）试验仪器

PW4361E 继电保护测试仪。

（2）试验接线

以南瑞继保 RCS-9621CS 保护装置为例，其试验接线如图 70 所示。

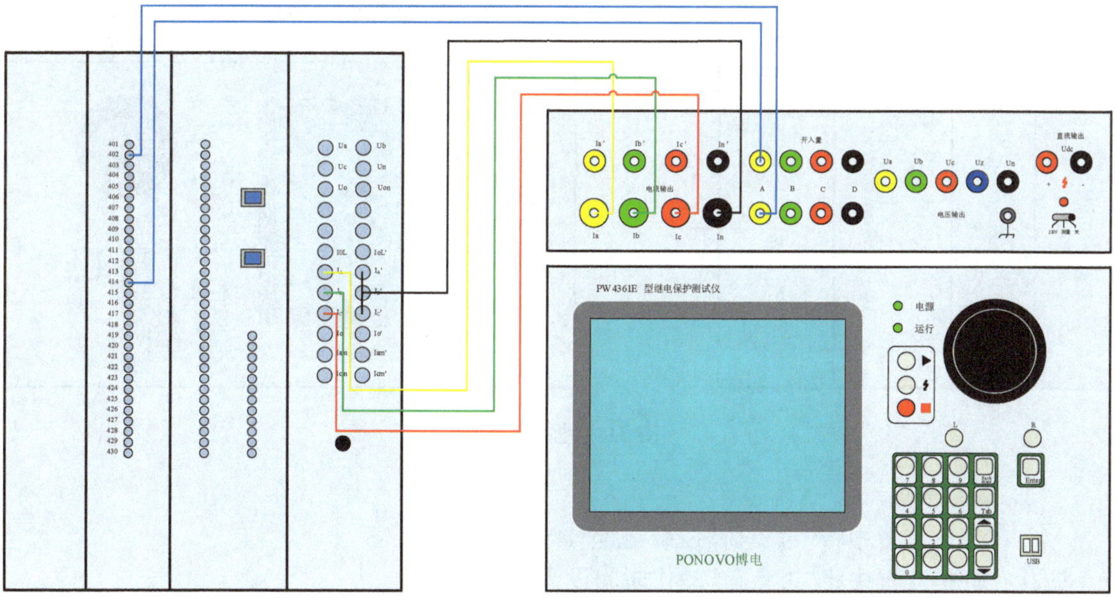

图 70　过流Ⅱ段校验

(3) 试验步骤

① 在保护装置中将“过流Ⅱ段”控制字置“1”；

② 在保护装置中将“过流Ⅱ段”动作时间设为 0 s；

③ 测试 A 相动作值时，选择“手动试验”单元，在 I_a 中输入接近于过流Ⅱ段保护动作的定值，将变量 I_a 的变化步长设置为 0.1 A，点击▶进入试验，按▲逐渐增加电流使过流Ⅱ段保护动作，并记录动作值；

④ 在保护装置中将“过流Ⅱ段”动作时间设为整定值；

⑤ 测试 A 相动作时间时，选择“线路保护定值校验”单元，设置故障类型为“A 相接地”，在“整定定值”中输入保护实际动作值，并在“整定倍数”1.05 的方框处打勾，添加测试项，点击▶进入试验，试验完毕后，记录操作界面下方方框中显示的动作时间；

⑥ 测试 B 相、C 相时，方法与 A 相测试方法相同。

(4) 试验标准

实际动作值应在整定值的 0.95 倍与 1.05 倍之间，动作时间应与整定时间大致相同。

4.19.4 过负荷校验

(1) 试验仪器

PW4361E 继电保护测试仪。

(2) 试验接线

以南瑞继保 RCS-9621CS 保护装置为例，其试验接线如图 71 所示。

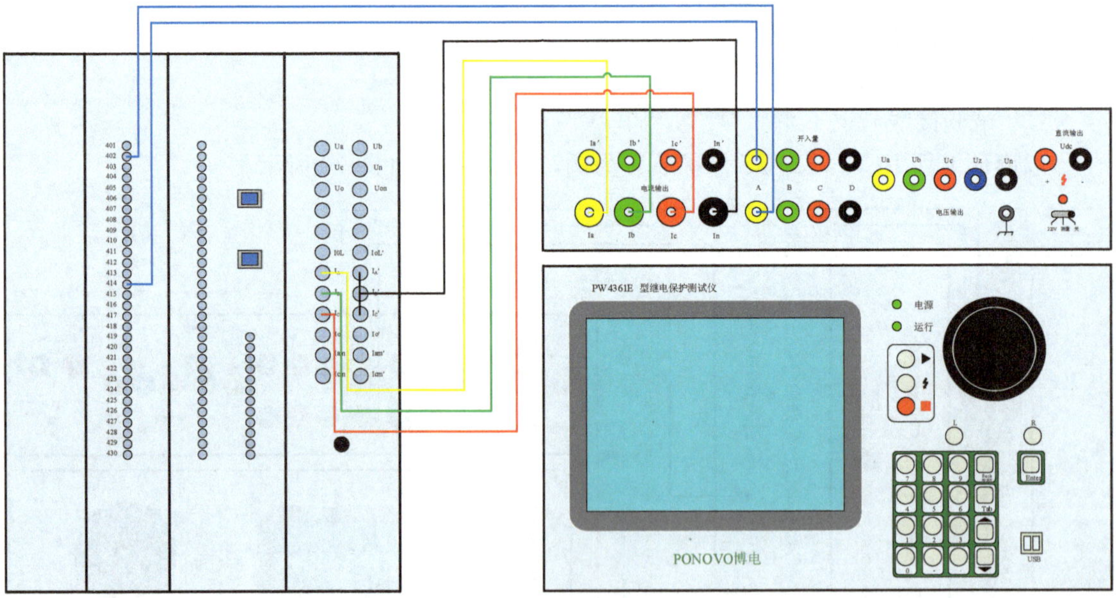

图 71　过负荷校验

(3) 试验步骤

① 在保护装置中将“过负荷”控制字置“1”；

② 在保护装置中将“过负荷”动作时间设为 0 s；

③ 测试 A 相动作值时，选择“手动试验”单元，在 I_a 中输入小于且接近“过负荷保护”动作的定值，将变量 I_a 的变化步长设置为 0.1 A，点击进入试验，按逐渐增加电流使过负荷保护动作，并记录动作值；

④ 在保护装置中将“过负荷”动作时间设为整定值；

⑤ 测试 A 相动作时间时，选择“线路保护定值校验”单元，设置故障类型为“A 相接地”，在“整定定值”中输入保护实际动作值，并在“整定倍数”1.05 的方框处打勾，添加测试项，点击进入试验，试验完毕后，记录操作界面下方方框中显示的动作时间；

⑥ 测试 B 相、C 相时，方法与 A 相测试方法相同。

（4）试验标准

实际动作值应在整定值的 0.95 倍与 1.05 倍之间，动作时间应与整定时间大致相同。

4.19.5 零序过流Ⅰ段校验

（1）试验仪器

PW4361E 继电保护测试仪。

（2）试验接线

以南瑞继保 RCS-9621CS 保护装置为例，其试验接线如图 72 所示。

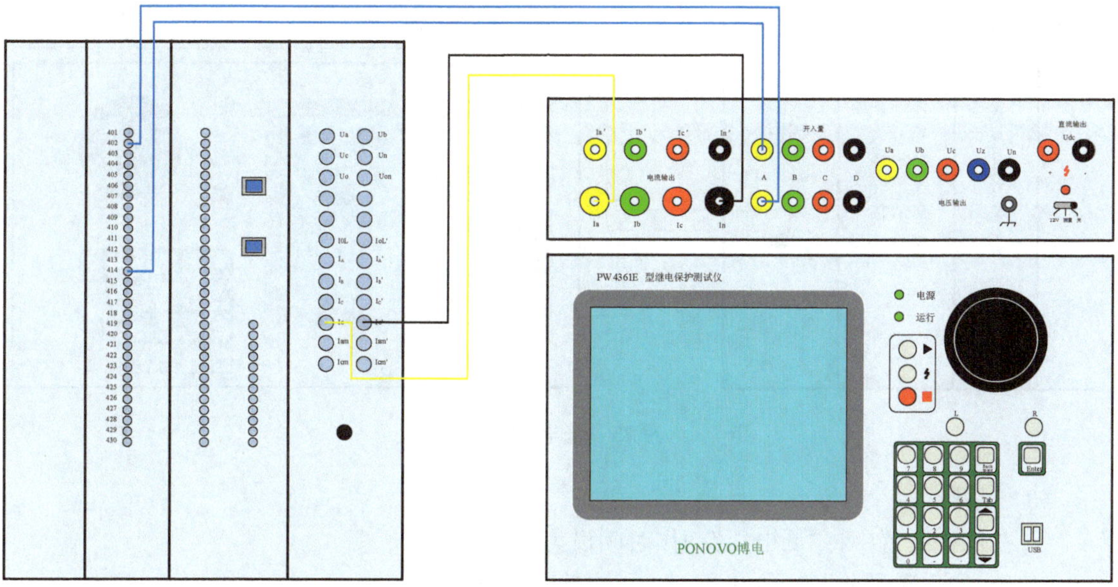

图 72　零序过流Ⅰ段校验

（3）试验步骤

① 在保护装置中将“零序过流Ⅰ段”的动作时间设为 0 s；

② 选择“手动试验”单元，在 I_a 中输入接近于“零序过流Ⅰ段”保护动作的定值，将变量 I_a 的变化步长设置为 0.01 A，点击进入试验，按逐渐增加电流使零序过流Ⅰ段保护动作，并记录动作值；

③ 在保护装置中将“零序过流Ⅰ段”的动作时间设为整定值；

④ 选择“线路保护定值校验”单元，设置故障类型为“A 相接地”，在“整定定值”中输入

保护实际动作值，并在“整定倍数”1.05 的方框处打勾，添加测试项，点击进入试验，试验完毕后，记录操作界面下方方框中显示的动作时间。

（4）试验标准

实际动作值应在整定值的 0.95 倍与 1.05 倍之间，动作时间应与整定时间大致相同。

4.19.6 低电压校验

（1）试验仪器

PW4361E 继电保护测试仪。

（2）试验接线

以南瑞继保 RCS-9621CS 保护装置为例，其试验接线如图 73 所示。

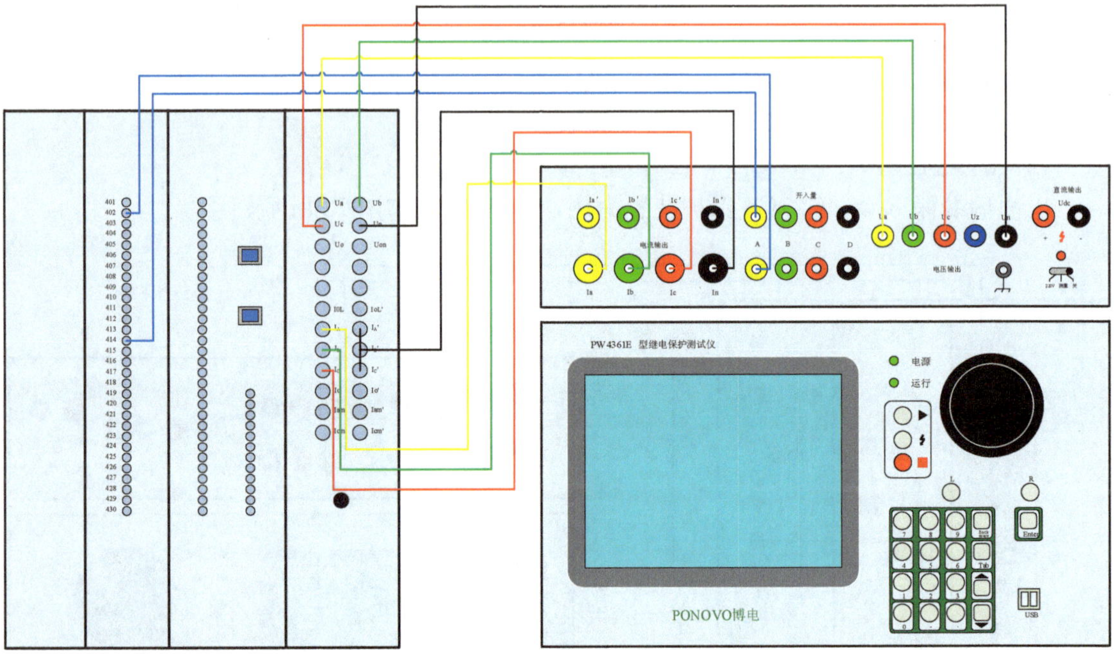

图 73 低电压校验

（3）试验步骤

① 在保护装置中将“低电压”动作时间设为 0 s；

② 选择“手动试验”单元，在 I_a、I_b、I_c 中输入 1 A 电流；

③ 在 U_a、U_b、U_c 中输入额定电压值 57.74 V，将变量 U_a、U_b、U_c 的变化步长设置为 5 V，点击进入试验，将站（所）断路器合闸，按快速减小电压使电压大于且接近低电压保护动作的定值，再将变量 U_a、U_b、U_c 的变化步长设置为 1 V，逐渐减小电压使低电压保护动作，并记录动作值；

④ 在保护装置中将“低电压”的动作时间设为整定值；

⑤ 选择“手动试验”单元，在 I_a、I_b、I_c 中输入 1 A 电流；

⑥ 在 U_a、U_b、U_c 中输入额定电压 57.74 V，点击进入试验，将主电机断路器合闸，再点击保持按钮；

⑦ 将 U_a、U_b、U_c 电压改为低于低电压保护动作的定值电压，点击释放保持按钮，达到低电压保护动作时间时，保护动作，记录界面下方的动作时间。

（4）试验标准

实际动作值应在整定值的 0.95 倍与 1.05 倍之间，动作时间应与整定时间大致相同。

4.20 高压电动机微机保护

4.20.1 采样检查

（1）试验仪器

PW4361E 继电保护测试仪。

（2）试验接线

以南瑞继保 RCS-9643CS 保护装置为例，其试验接线如图 74 所示。

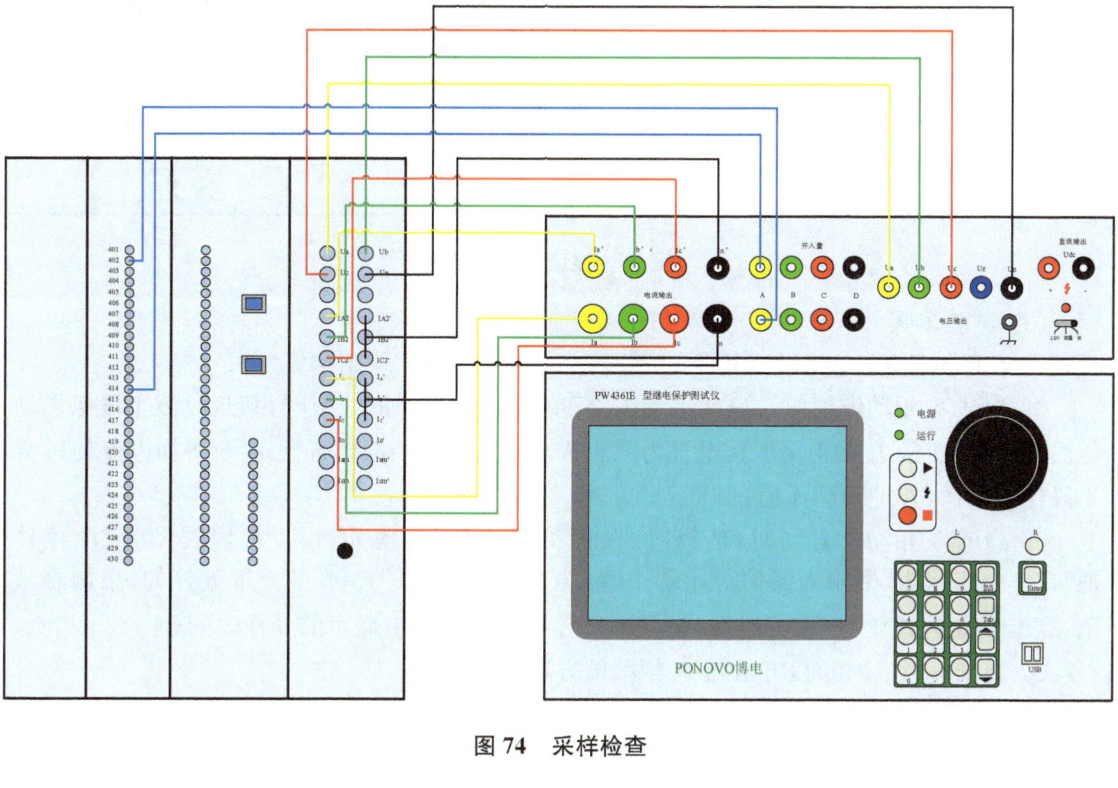

图 74　采样检查

（3）试验步骤

在保护测试仪界面中选择“手动试验”单元，在 U_a、U_b、U_c、I_a、I_b、I_c、I_a'、I_b'、I_c' 中分别输入电压、电流进行采样，观察保护装置的显示值与输出值是否一致。

（4）试验标准

保护装置的显示值与继电保护测试仪的输出值误差应小于±2.5%。

4.20.2 过流Ⅰ段校验

（1）试验仪器

PW4361E 继电保护测试仪。

（2）试验接线

以南瑞继保 RCS-9643CS 保护装置为例，其试验接线如图 75 所示。

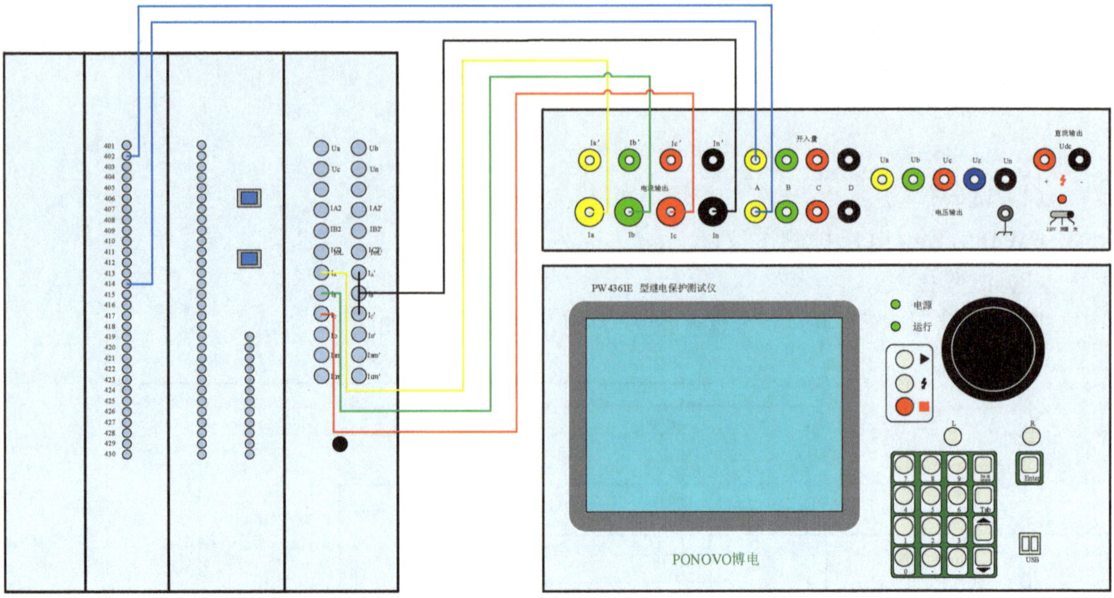

图 75　过流Ⅰ段校验

（3）试验步骤

① 在保护装置中将“过流Ⅱ段”控制字置“0”，“过负荷”控制字置“0”；

② 测试 A 相动作值时，选择“手动试验”单元，在 I_a 中输入小于且接近过流Ⅰ段保护动作的定值，将变量 I_a 的变化步长设置为 0.1 A，点击进入试验，按逐渐增加电流使过流Ⅰ段保护动作，并记录动作值；

③ 测试 A 相动作时间时，选择“线路保护定值校验”单元，设置故障类型为“A 相接地”，在“整定定值”中输入保护实际动作值，并在“整定倍数”1.05 的方框处打勾，添加测试项，点击进入试验，试验完毕后，记录操作界面下方方框中显示的动作时间；

④ 测试 B 相、C 相时，方法与 A 相测试方法相同。

（4）试验标准

实际动作值应在整定值的 0.95 倍与 1.05 倍之间，动作时间应与整定时间大致相同。

4.20.3　过流Ⅱ段校验

（1）试验仪器

PW4361E 继电保护测试仪。

（2）试验接线

以南瑞继保 RCS-9643CS 保护装置为例，其试验接线如图 76 所示。

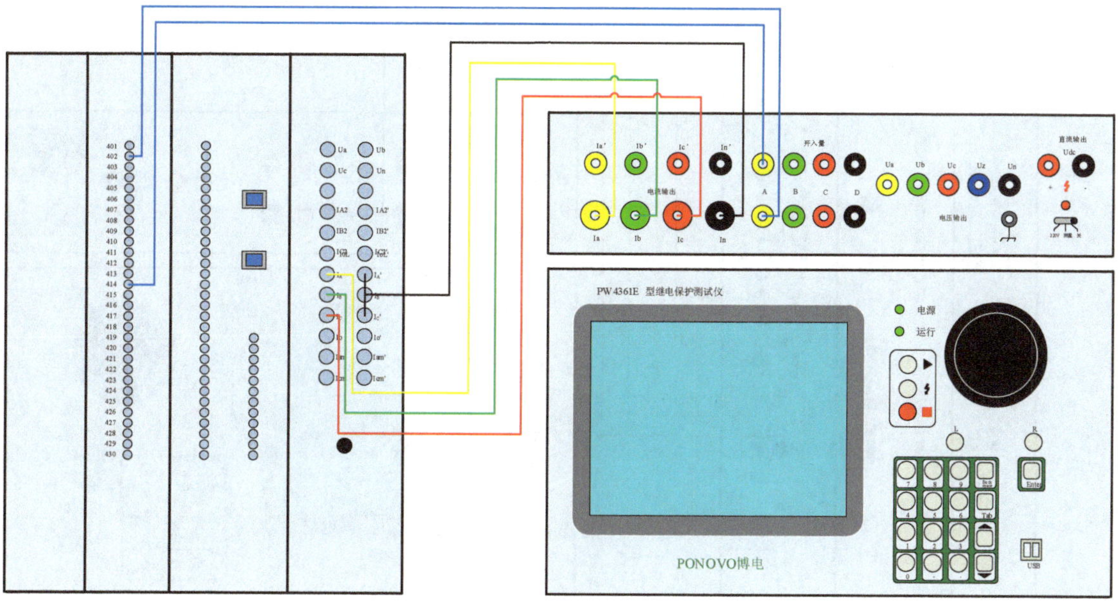

图 76　过流Ⅱ段校验

(3) 试验步骤

① 在保护装置中将“过流Ⅱ段”控制字置“1”;

② 在保护装置中将“过流Ⅱ段”动作时间设为 0 s;

③ 测试 A 相动作值时,选择“手动试验”单元,在 I_a 中输入接近于过流Ⅱ段保护动作的定值,将变量 I_a 的变化步长设置为 0.1 A,点击进入试验,按逐渐增加电流使过流Ⅱ段保护动作,并记录动作值;

④ 在保护装置中将“过流Ⅱ段”动作时间设为整定值;

⑤ 测试 A 相动作时间时,选择“线路保护定值校验”单元,设置故障类型为“A 相接地”,在“整定定值”中输入保护实际动作值,并在“整定倍数”1.05 的方框处打勾,添加测试项,点击进入试验,试验完毕后,记录操作界面下方方框中显示的动作时间;

⑥ 测试 B 相、C 相时,方法与 A 相测试方法相同。

(4) 试验标准

实际动作值应在整定值的 0.95 倍与 1.05 倍之间,动作时间应与整定时间大致相同。

4.20.4　过负荷校验

(1) 试验仪器

PW4361E 继电保护测试仪。

(2) 试验接线

以南瑞继保 RCS-9643CS 保护装置为例,其试验接线如图 77 所示。

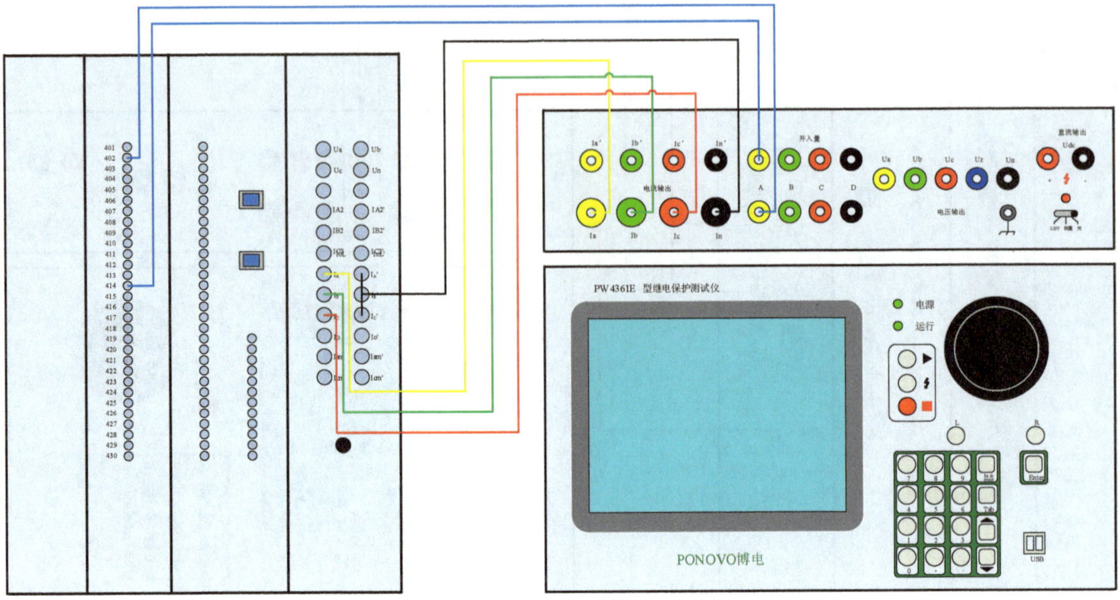

图 77 过负荷校验

(3) 试验步骤

① 在保护装置中将“过负荷”控制字置“1”;

② 在保护装置中将“过负荷”动作时间设为 0 s;

③ 测试 A 相动作值时,选择“手动试验”单元,在 I_a 中输入小于且接近“过负荷保护”动作的定值,将变量 I_a 的变化步长设置为 0.1 A,点击进入试验,按逐渐增加电流使过负荷保护动作,并记录动作值;

④ 在保护装置中将“过负荷”动作时间设为整定值;

⑤ 测试 A 相动作时间时,选择“线路保护定值校验”单元,设置故障类型为“A 相接地”,在“整定定值”中输入保护实际动作值,并在“整定倍数”1.05 的方框处打勾,添加测试项,点击进入试验,试验完毕后,记录操作界面下方方框中显示的动作时间;

⑥ 测试 B 相、C 相时,方法与 A 相测试方法相同。

(4) 试验标准

实际动作值应在整定值的 0.95 倍与 1.05 倍之间,动作时间应与整定时间大致相同。

4.20.5 低电压校验

(1) 试验仪器

PW4361E 继电保护测试仪。

(2) 试验接线

以南瑞继保 RCS-9643CS 保护装置为例,其试验接线如图 78 所示。

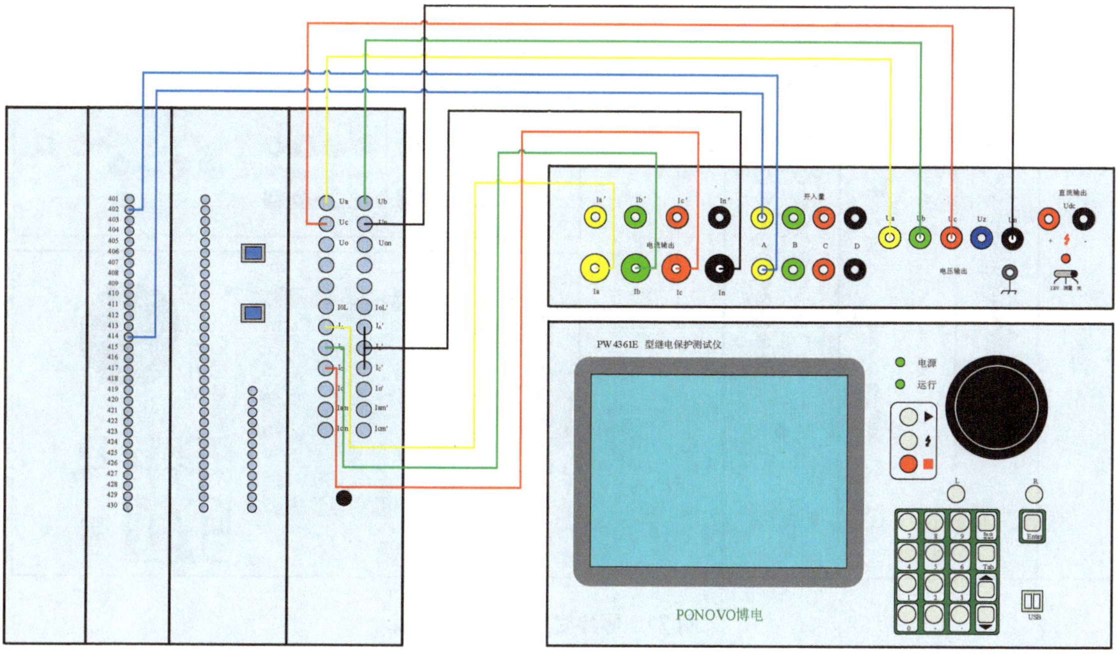

图 78　低电压校验

(3) 试验步骤

① 在保护装置中将“低电压”动作时间设为 0 s；

② 选择“手动试验”单元，在 I_a、I_b、I_c 中输入 1 A 电流；

③ 在 U_a、U_b、U_c 中输入额定电压值 57.74 V，将变量 U_a、U_b、U_c 的变化步长设置为5 V，点击 进入试验，将主电机断路器合闸，按 快速减小电压使电压大于且接近低电压保护动作的定值，再将变量 U_a、U_b、U_c 的变化步长设置为 1 V，逐渐减小电压使低电压保护动作，并记录动作值；

④ 在保护装置中将“低电压”的动作时间设为整定值；

⑤ 选择“手动试验”单元，在 I_a、I_b、I_c 中输入 1 A 电流；

⑥ 在 U_a、U_b、U_c 中输入额定电压 57.74 V，点击 进入试验，将主电机断路器合闸，再点击保持按钮；

⑦ 将 U_a、U_b、U_c 电压改为低于低电压保护动作的定值电压，点击释放保持按钮，达到低电压保护动作时间时，保护动作，记录界面下方的动作时间。

(4) 试验标准

实际动作值应在整定值的 0.95 倍与 1.05 倍之间，动作时间应与整定时间大致相同。

4.20.6　零序过流 Ⅰ 段校验

(1) 试验仪器

PW4361E 继电保护测试仪。

(2) 试验接线

以南瑞继保 RCS-9643CS 保护装置为例，其试验接线如图 79 所示。

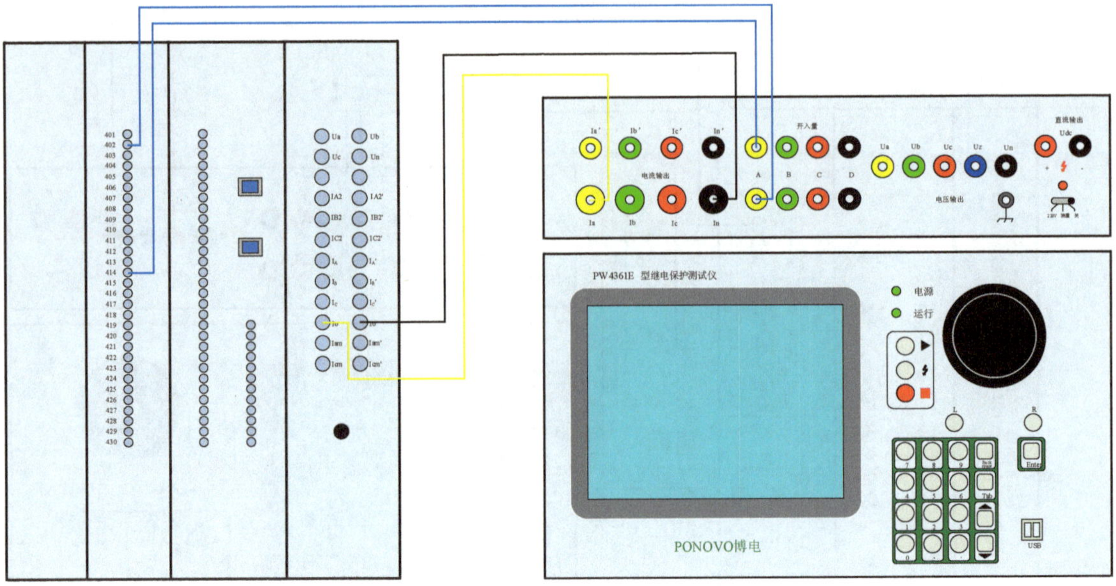

图 79　零序过流Ⅰ段校验

(3) 试验步骤

① 在保护装置中将“零序过流Ⅰ段”动作时间设为 0 s；

② 选择“手动试验”单元，在 I_a 中输入小于且接近“零序过流Ⅰ段”保护动作的定值，将变量 I_a 的变化步长设置为 0.01 A，点击进入试验，按逐渐增加电流使零序过流Ⅰ段保护动作，并记录动作值；

③ 在保护装置中将“零序过流Ⅰ段”动作时间设为整定值；

④ 选择“线路保护定值校验”单元，设置故障类型为“A 相接地”，在“整定定值”中输入保护实际动作值，并在“整定倍数”1.05 的方框处打勾，添加测试项，点击进入试验，试验完毕后，记录操作界面下方方框中显示的动作时间。

(4) 试验标准

实际动作值应在整定值的 0.95 倍与 1.05 倍之间，动作时间应与整定时间大致相同。

4.20.7 差动速断校验

(1) 试验仪器

PW4361E 继电保护测试仪。

(2) 试验接线

以南瑞继保 RCS-9643CS 保护装置为例，其试验接线如图 80 所示。

(3) 试验步骤

① 在保护装置中将“比率差动保护”控制字置“0”；

② 测试 A 相动作值时，选择“手动试验”单元，在 I_a 中输入接近于差动速断保护动作的定值，将变量 I_a 的变化步长设置为 0.1 A，点击进入试验，按逐渐增加电流使差动速断保护动作，并记录动作值；

③ 测试 B 相、C 相时，方法与 A 相测试方法相同。

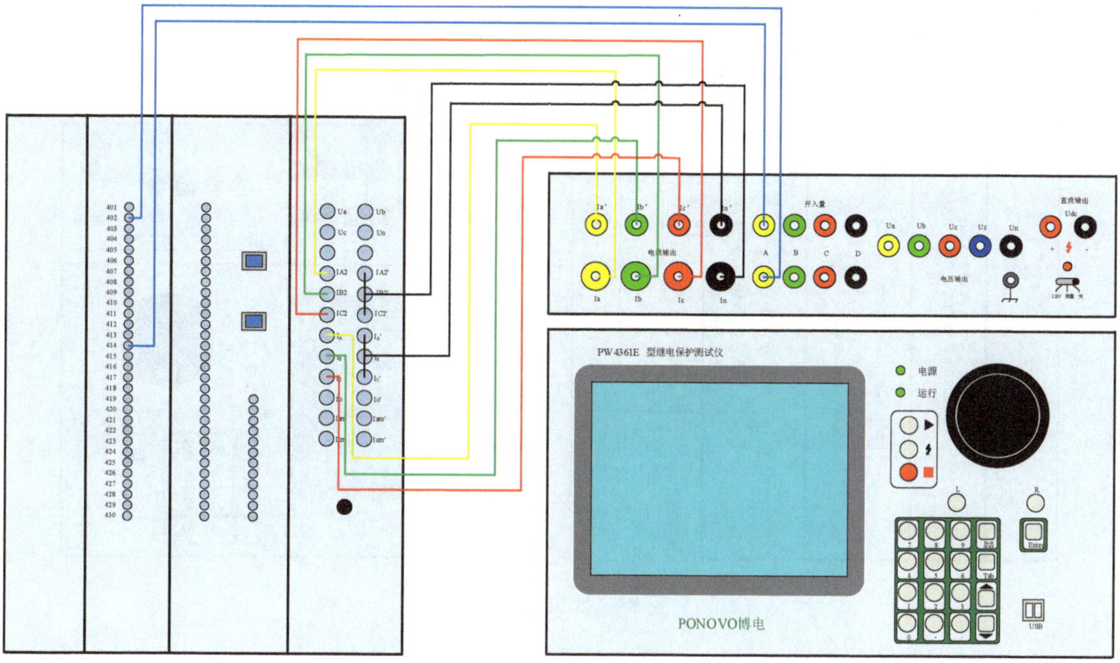

图 80　差动速断校验

(4) 试验标准

实际动作值应在整定值的 0.95 倍与 1.05 倍之间。

4.20.8　比率差动校验

(1) 试验仪器

PW4361E 继电保护测试仪。

(2) 试验接线

以南瑞继保 RCS-9643CS 保护装置为例，其试验接线如图 81 所示。

(3) 试验步骤

① 计算

(a) 比率差动的动作方程为：

差动电流：$I_d = | i_1 + i_2 |$　　制动电流：$I_r = 0.5(| i_1 | + | i_2 |)$

$I_d > I_{cdqd}$　　$I_r \leqslant I_e$

$I_d - I_{cdqd} > k_{bl} \times (I_r - I_e)$　　$I_r > I_e$

(b) 根据动作方程和保护装置的实际整定值设定 5 个合理的动作点。

② 测试

(a) 在保护装置中将“比率差动保护”控制字置“1”；

(b) 测试 A 相比率差动动作特性时，选择“手动试验（$6 \times I$）”单元，在 I_a、I_a' 中根据选择的动作点输入合适的电流值，保持 I_a' 的电流值不变，增大 I_a 的电流值，待保护动作时，记录 I_a、I_a' 的数值；

(c) 测试 B 相、C 相时，方法与 A 相测试方法相同。

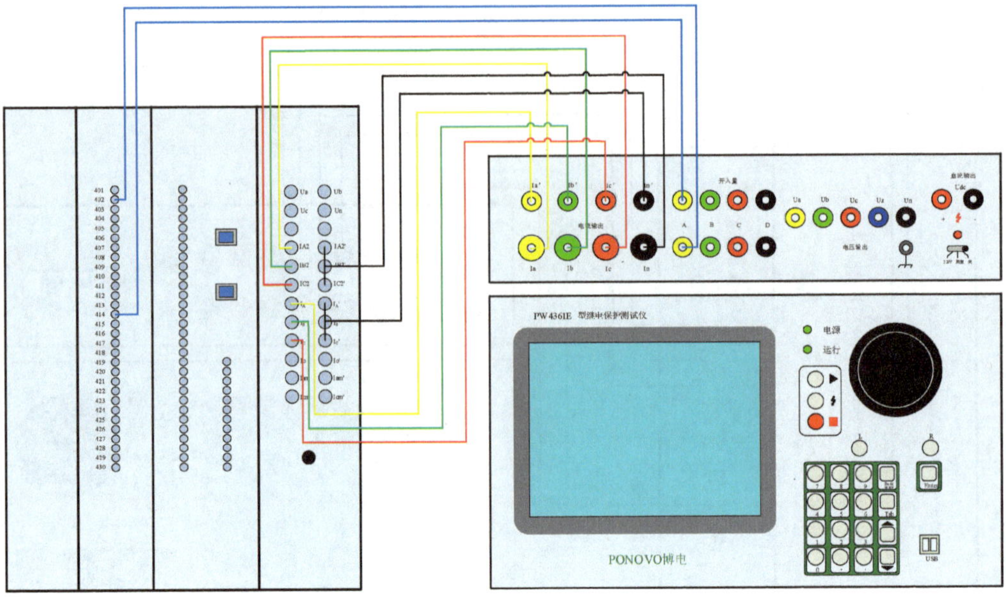

图 81　比率差动校验

(4) 试验标准

测试 A、B、C 三相的比率差动得出的实际动作值，应与比率差动特性曲线大致相同。

4.21　中间继电器

(1) 试验仪器

PW4361E 继电保护测试仪。

(2) 试验接线

如图 82 所示。

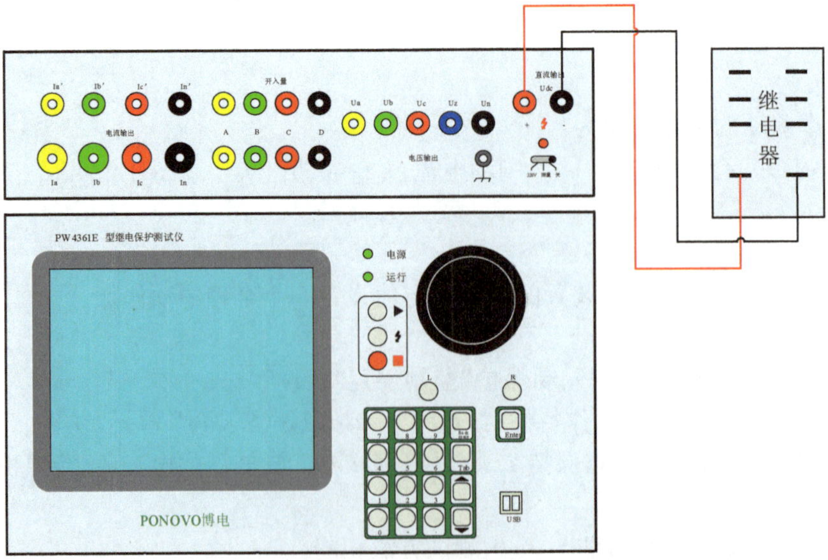

图 82　中间继电器校验

(3) 试验步骤

① 用万用表测量中间继电器线圈触头，测量线圈直流电阻；

② 将保护校验仪直流端与继电器线圈触头相连接；

③ 逐渐增大输出电压，直至继电器动作为止，记录数据；

④ 逐渐减小输出电压，直至继电器分开为止，记录数据；

⑤ 将电压降到零伏，结束试验。

(4) 试验标准

中间继电器的动作电压不大于额定电压的 70%，返回值不小于额定电压的 5%。

4.22 智能仪表

4.22.1 多功能智能仪表

(1) 试验仪器

ZTR-812B 三相交直流仪表校验装置。

(2) 试验接线

三相三线仪表以斯菲尔 PD194PQ-9K4 多功能智能仪表为例，其校验接线如图 83 所示。三相四线仪表以斯菲尔 PD194E-2S9 多功能智能仪表为例，其校验接线如图 84 所示。

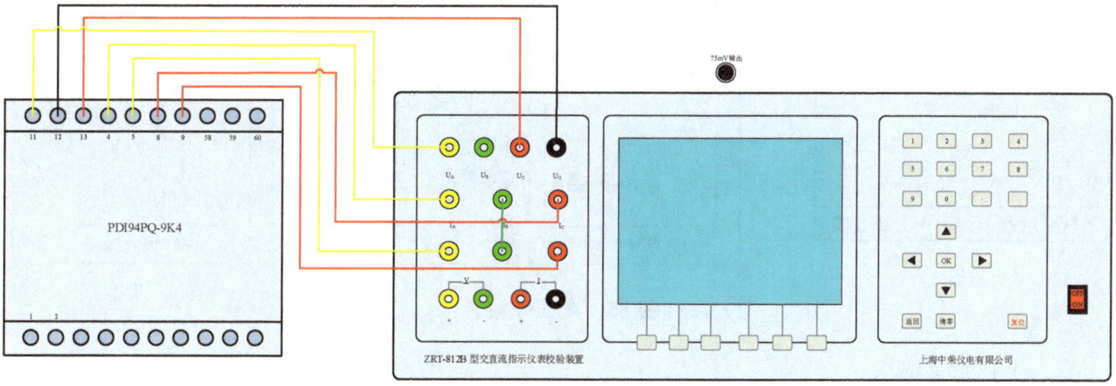

图 83　三相三线仪表校验

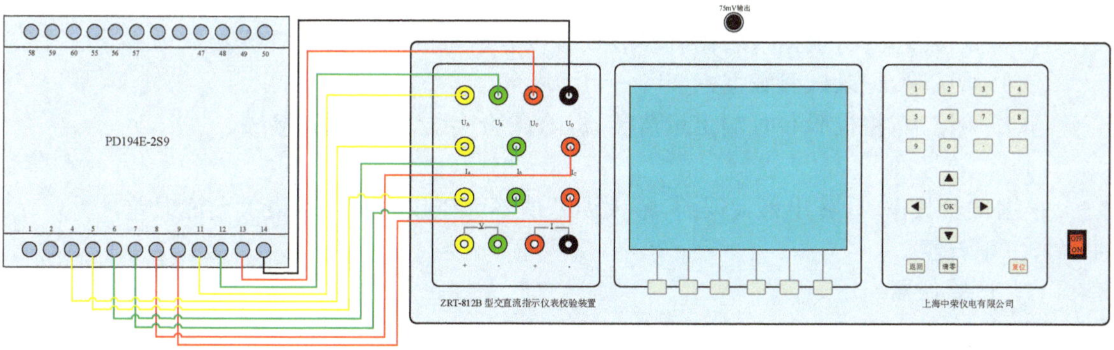

图 84　三相四线仪表校验

(3) 试验步骤

① 记录仪表铭牌参数；

② 将仪表与二次回路接线断开；

③ 按照图 83 和图 84 所示正确连接试验接线；

④ 检查接线无误，根据仪表铭牌参数设置校验装置的挡位及各项参数；

⑤ 开始试验，记录试验数据；

⑥ 试验结束，将校验装置输出量清零，拆除试验接线，恢复原有接线。

(4) 试验标准

根据试验数据，计算出最大误差，最大误差值不大于仪表精度的最大允许误差。

4.22.2 电压表

(1) 试验仪器

ZTR-812B 三相交直流仪表校验装置。

(2) 试验接线

以斯菲尔 PZ194U-2X4 三相电压表为例，其校验接线如图 85 所示。

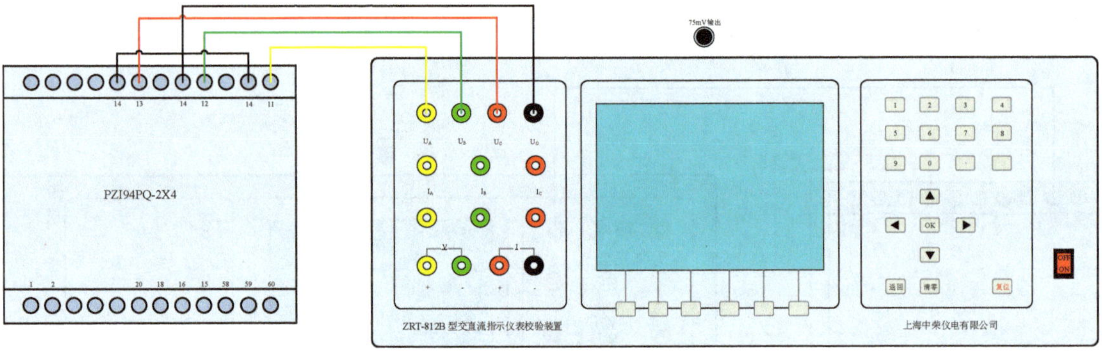

图 85　电压表校验

(3) 试验步骤

① 记录仪表铭牌参数；

② 将仪表与二次回路接线断开；

③ 按照图 85 正确连接试验接线；

④ 检查接线无误，根据仪表铭牌参数设置校验装置的挡位及各项参数；

⑤ 开始试验，记录试验数据；

⑥ 试验结束，将校验装置输出量清零，拆除试验接线，恢复原有接线。

(4) 试验标准

根据试验数据，计算出最大误差，最大误差值不大于仪表精度的最大允许误差。

4.22.3 电流表

(1) 试验仪器

ZTR-812B 三相交直流仪表校验装置。

(2) 试验接线

以斯菲尔 PA194I-2X4、PD194E-2S9、PA194I-AK1 电流表为例，其校验接线如图 86、

图 87 和图 88 所示。

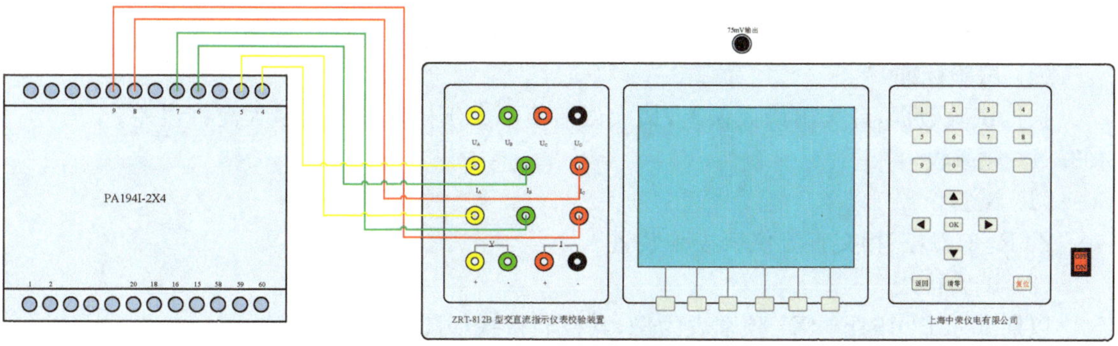

图 86　三相电流表校验

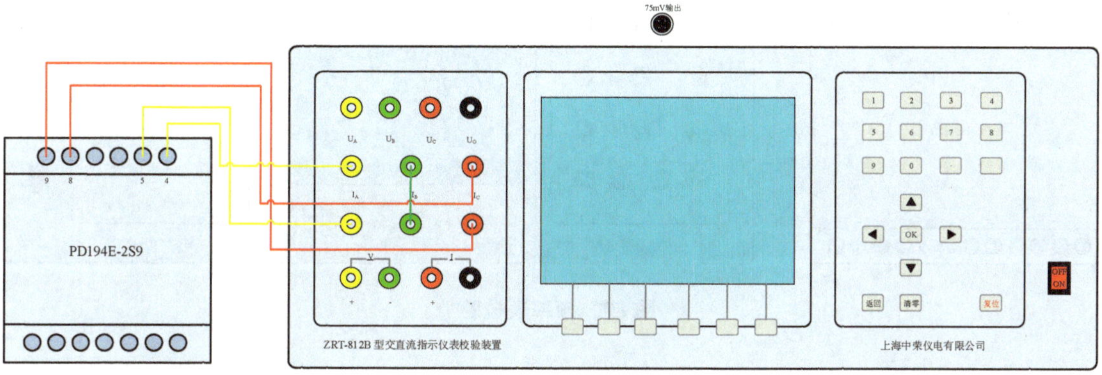

图 87　两相电流表校验

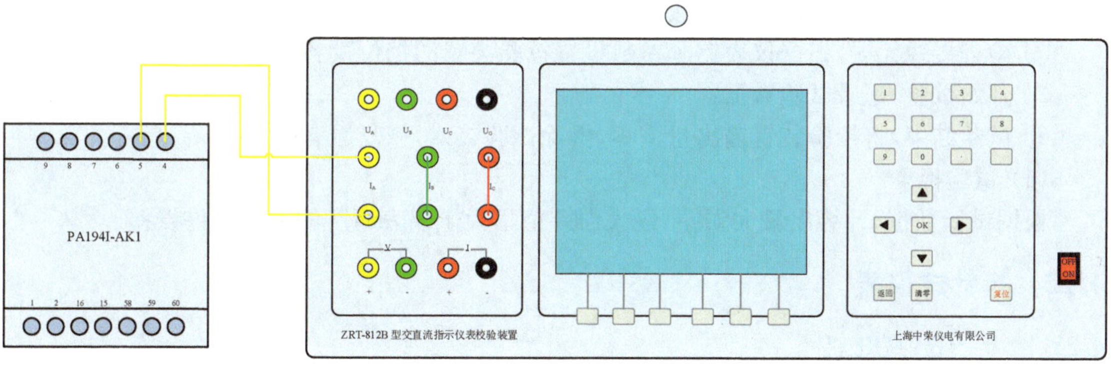

图 88　单相电流表校验

（3）试验步骤

① 记录仪表铭牌参数；

② 将仪表与二次回路接线断开；

③ 按照图 86、图 87 和图 88 所示正确连接好试验接线；

④ 检查接线无误，根据仪表铭牌参数设置校验装置的挡位及各项参数；

⑤ 开始试验，记录试验数据；

⑥ 试验结束，将校验装置输出量清零，拆除试验接线，恢复原有接线。

（4）试验标准

根据试验数据，计算出最大误差，最大误差值不大于仪表精度的最大允许误差。

4.22.4 频率表

（1）试验仪器

ZTR-812B 三相交直流仪表校验装置。

（2）试验接线

以斯菲尔 PD194F-2X1 频率表为例，其校验接线如图 89 所示。

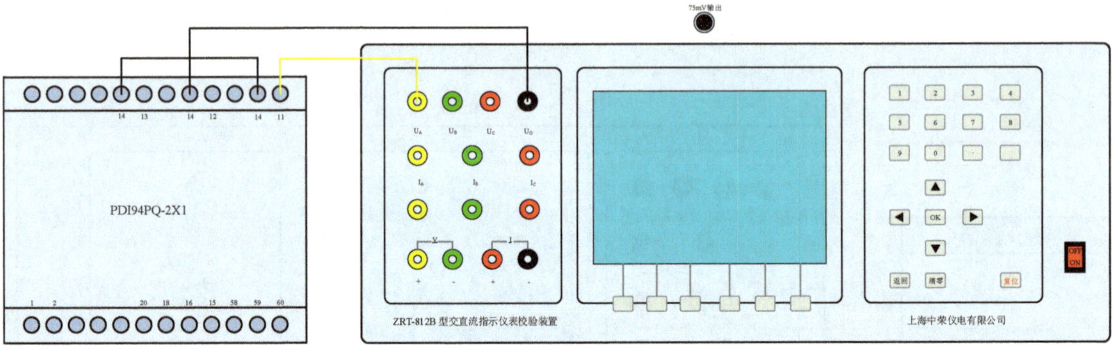

图 89　频率表校验

（3）试验步骤

① 记录仪表铭牌参数；

② 将仪表与二次回路接线断开；

③ 按照图 89 正确连接好试验接线；

④ 检查接线无误，根据仪表铭牌参数设置校验装置的挡位及各项参数；

⑤ 开始试验，记录试验数据；

⑥ 试验结束，将校验装置输出量清零，拆除试验接线，恢复原有接线。

（4）试验标准

根据试验数据，计算出最大误差，最大误差值不大于仪表精度的最大允许误差。

4.23 指针式仪表

4.23.1 电压表(直流

（1）试验仪器

ZTR-812B 三相交直流仪表校验装置。

（2）试验接线

以北京赛尔 42C3 指针式电压表为例，其校验接线如图 90 所示。

（3）试验步骤

① 记录仪表铭牌参数；

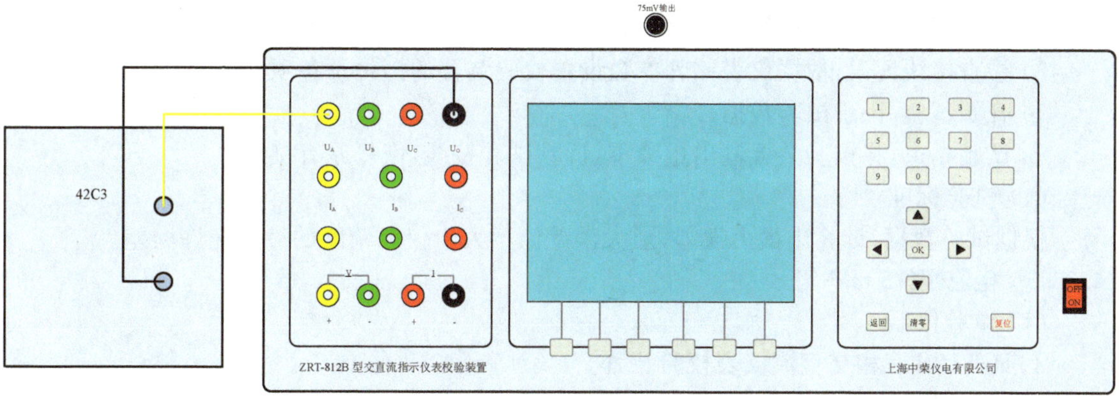

图 90　电压表(直流)校验

② 将仪表与二次回路接线断开；

③ 按照图 90 正确连接好试验接线；

④ 检查接线无误，根据仪表铭牌参数设置校验装置的挡位及各项参数；

⑤ 开始试验，记录试验数据；

⑥ 试验结束，将校验装置输出量清零，拆除试验接线，恢复原有接线。

(4) 试验标准

根据试验数据，计算出最大误差，最大误差值不大于仪表精度的最大允许误差。

4.23.2　电流表

(1) 试验仪器

ZTR-812B 三相交直流仪表校验装置。

(2) 试验接线

以北京赛尔 42C3 指针式电流表为例，其校验接线如图 91 所示。

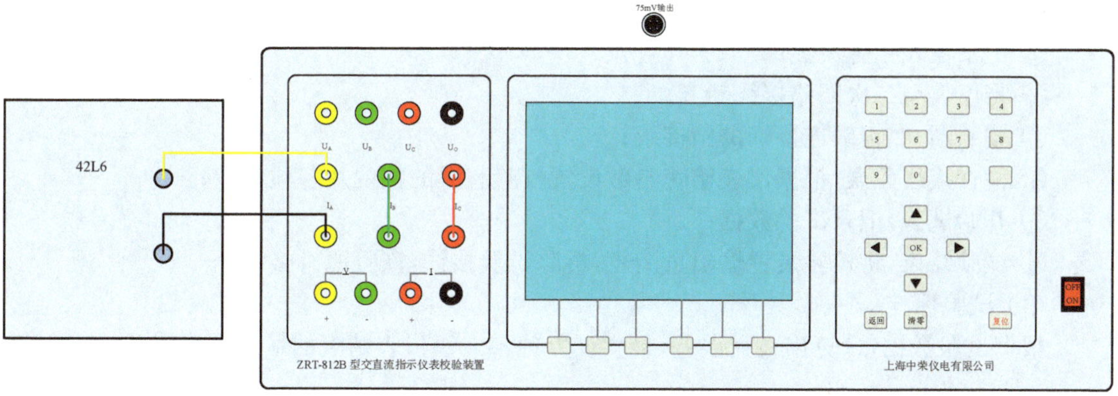

图 91　电流表校验

(3) 试验步骤

① 记录仪表铭牌参数；

② 将仪表与二次回路接线断开；

③ 按照图 91 正确连接好试验接线；

④ 检查接线无误，根据仪表铭牌参数设置校验装置的挡位及各项参数；

⑤ 开始试验，记录试验数据；

⑥ 试验结束，将校验装置输出量清零，拆除试验接线，恢复原有接线。

（4）试验标准

根据试验数据，计算出最大误差，最大误差值不大于仪表精度的最大允许误差。

4.23.3 电流表(75 mV

（1）试验仪器

ZTR-812B 三相交直流仪表校验装置。

（2）试验接线

以北京赛尔 42L6 指针式电流表(75 mV)为例，其校验接线如图 92 所示。

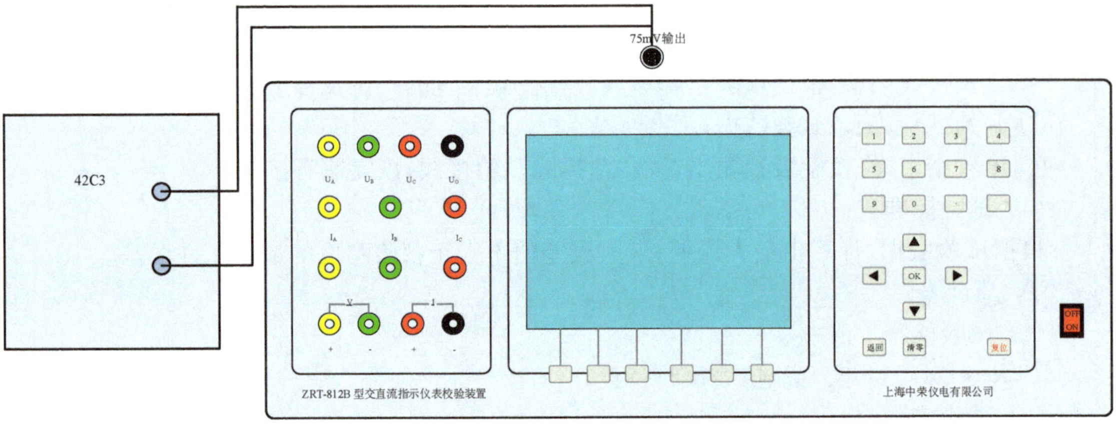

图 92 电流表(75 mV)校验

（3）试验步骤

① 记录仪表铭牌参数；

② 将仪表与二次回路接线断开；

③ 按照图 92 正确连接好试验接线；

④ 检查接线无误，根据仪表铭牌参数设置校验装置的挡位及各项参数；

⑤ 开始试验，记录试验数据；

⑥ 试验结束，将校验装置输出量清零，拆除试验接线，恢复原有接线。

（4）试验标准

根据试验数据，计算出最大误差，最大误差值不大于仪表精度的最大允许误差。

附录 A　南水北调江苏新建泵站电气一次系统图

A.1　宝应站

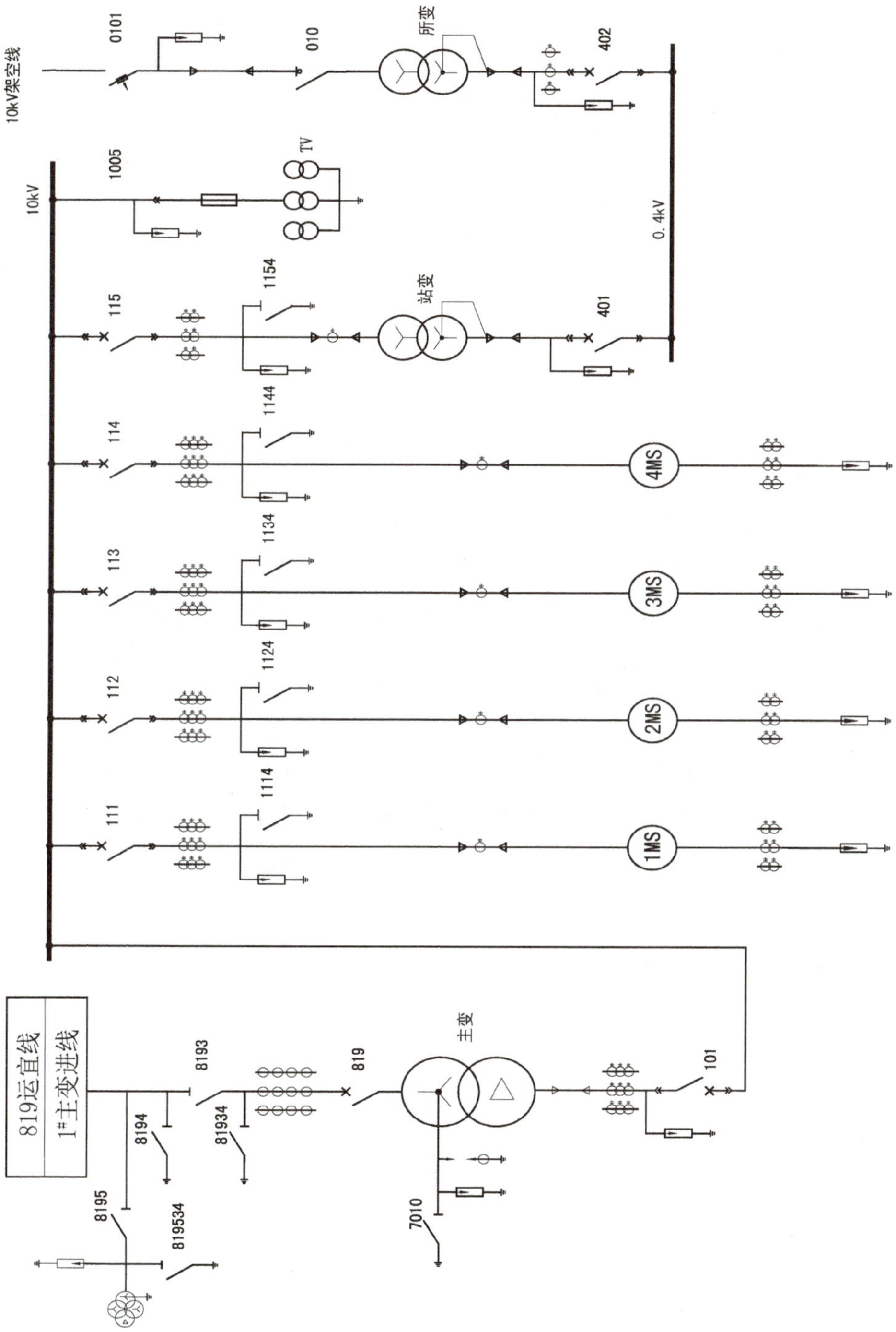

A.2 金湖站

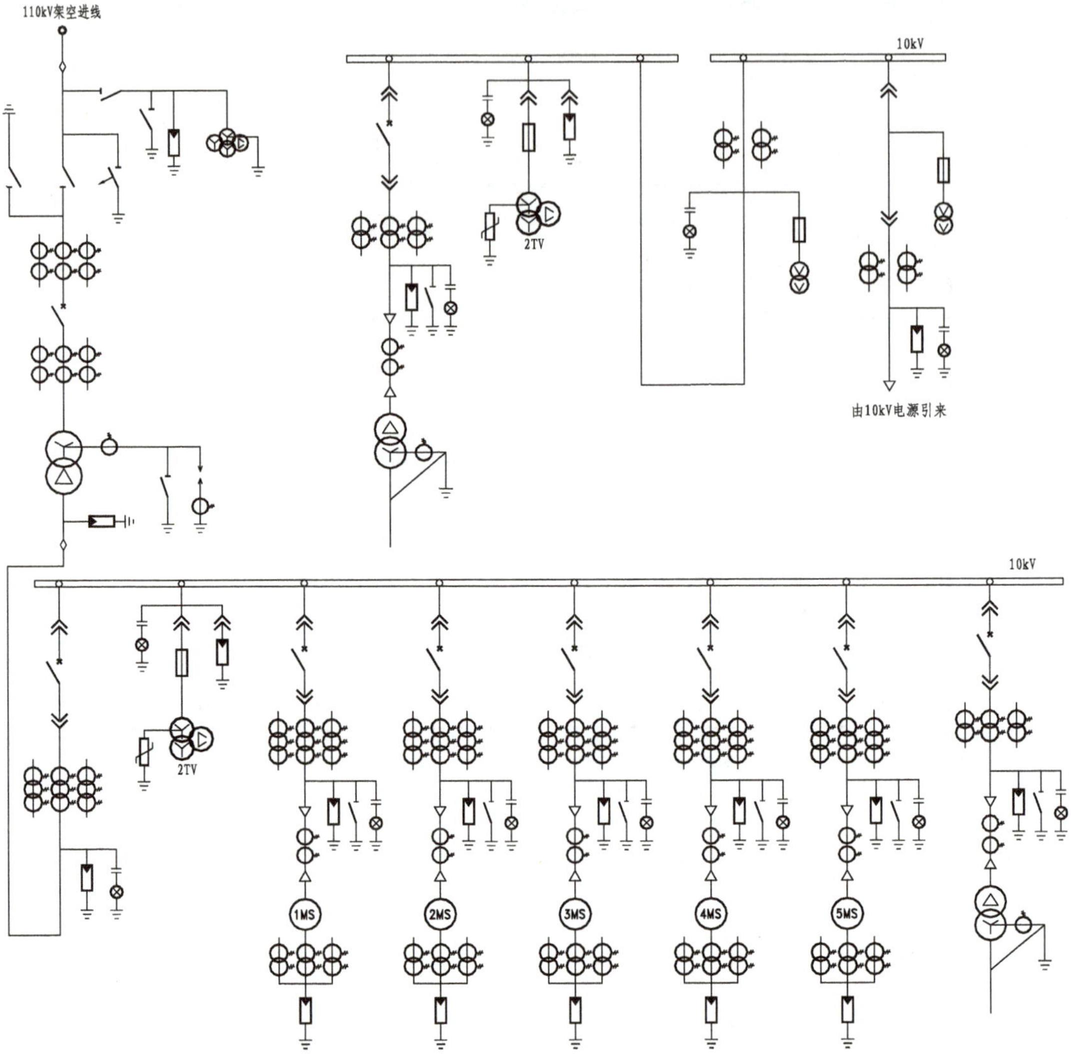
110kV架空进线
10kV
2TV
2TV
由10kV电源引来
10kV
2TV
1MS
2MS
3MS
4MS
5MS

A.3 淮安四站

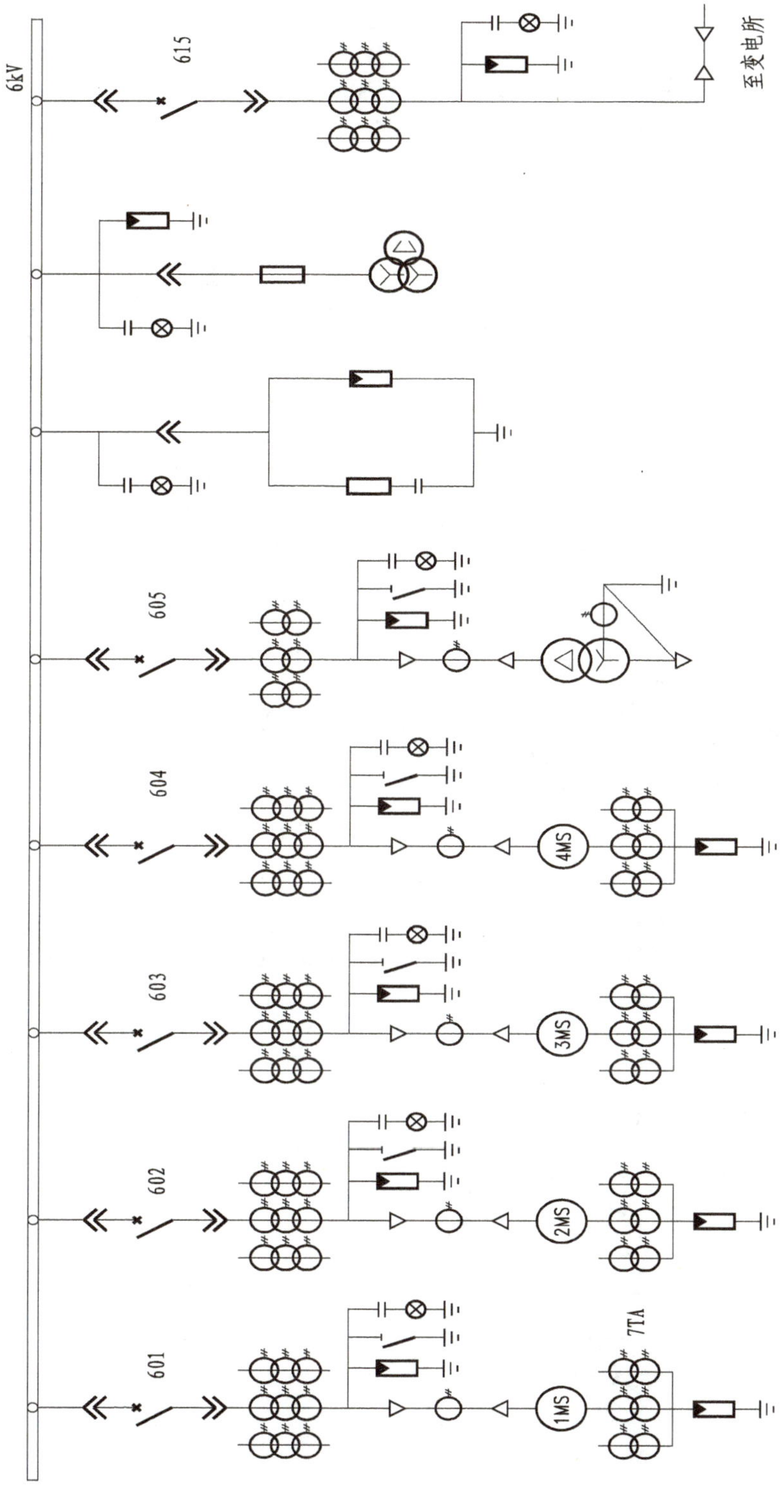

A.4 淮阴三站

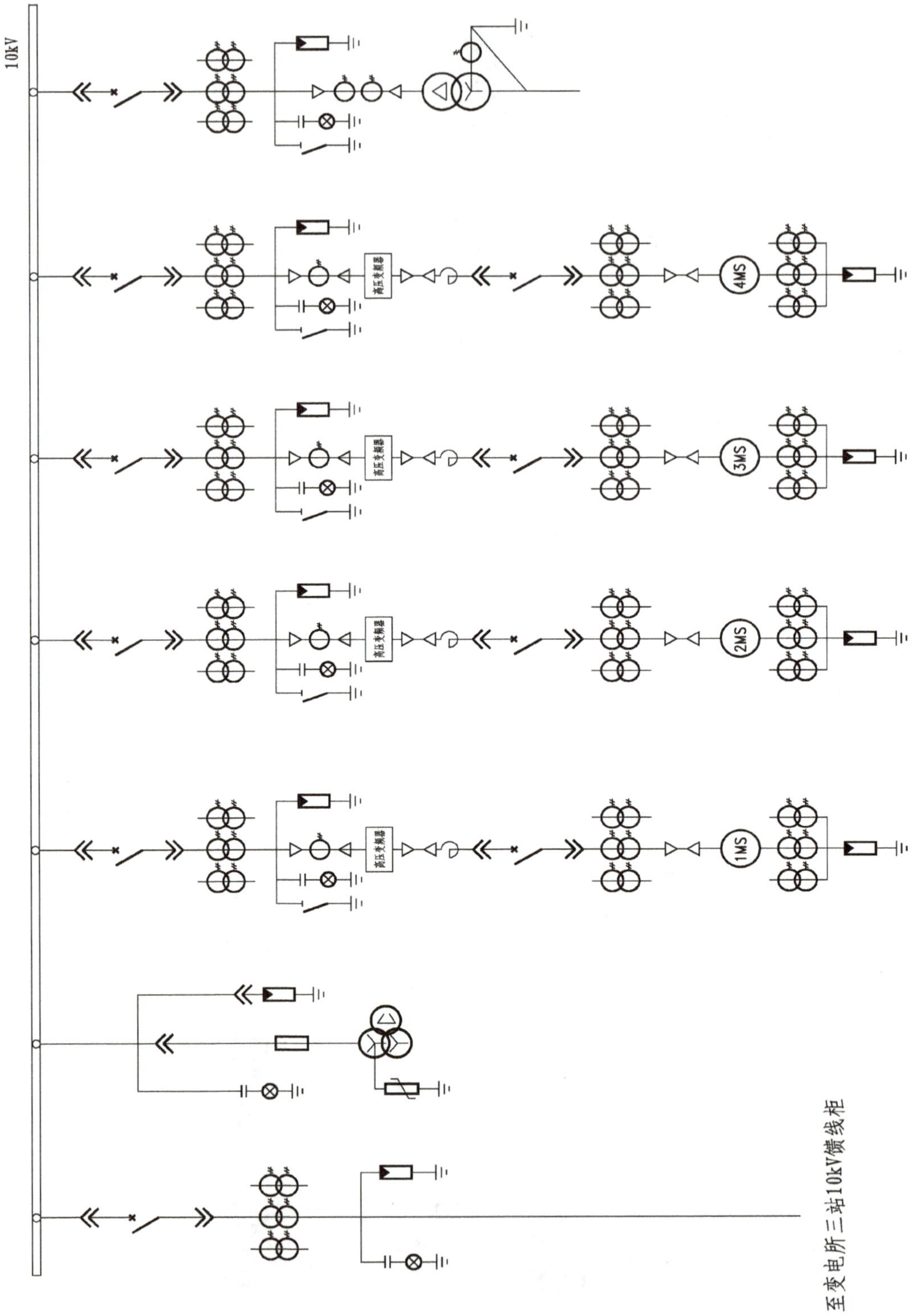

A.5 洪泽站

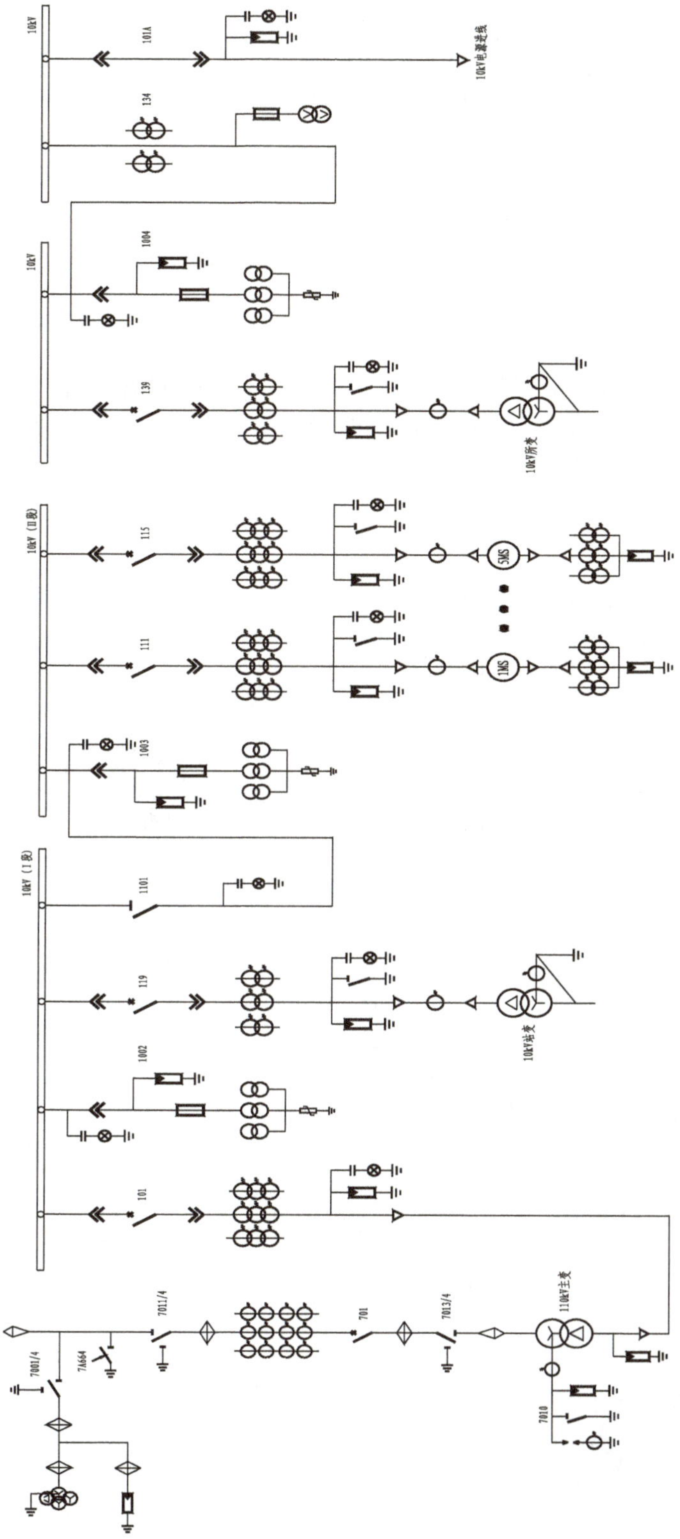
10kV
101A
10kV电源进线
134
10kV
1004
139
10kV所变
10kV（II段）
115
5MS
111
1MS
1003
10kV（I段）
1101
119
10kV站变
1002
101
7001/4
7A664
7011/4
701
7013/4
110kV主变
7010

A.6 泗洪站

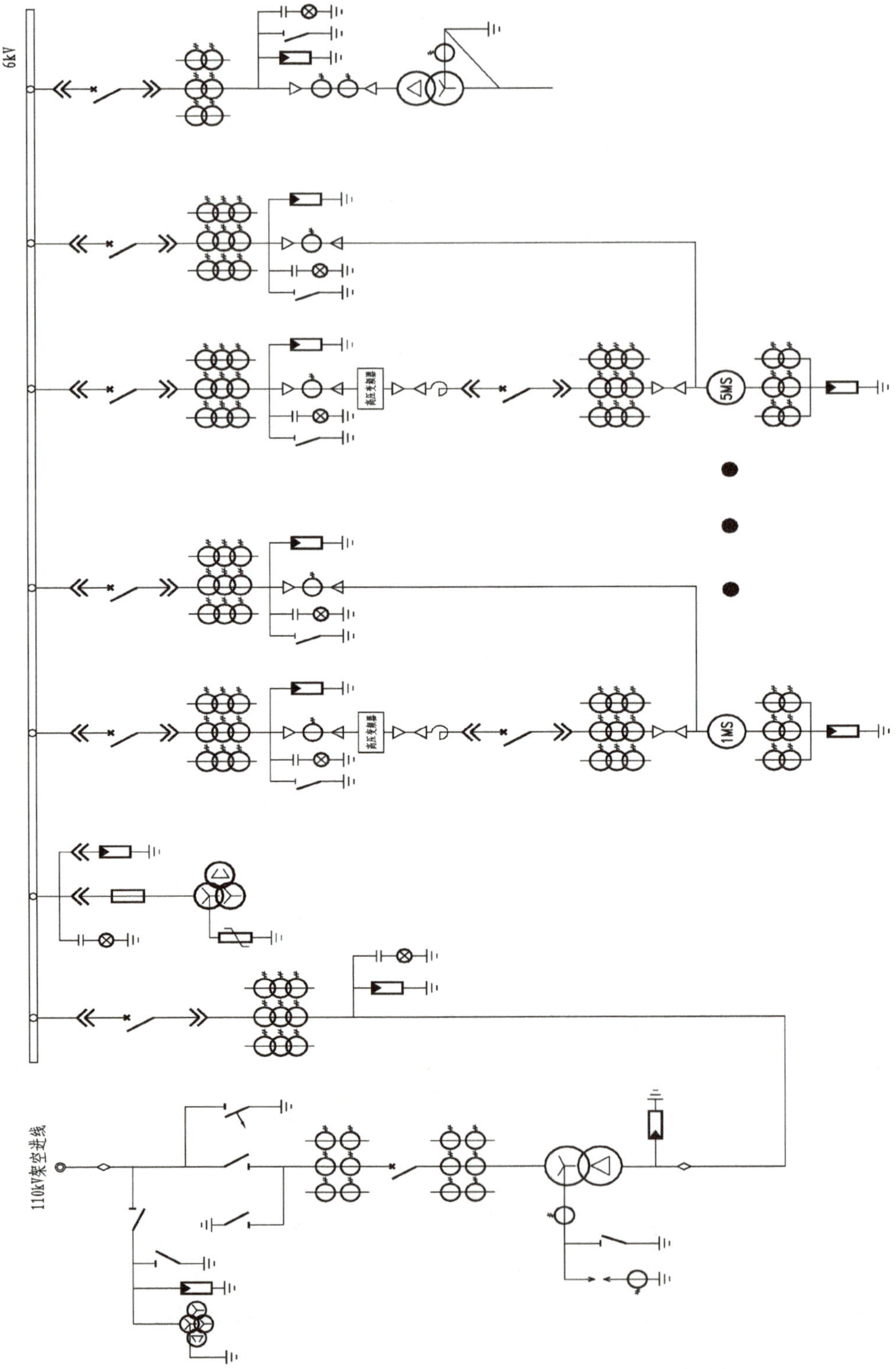

A.7 睢宁二站

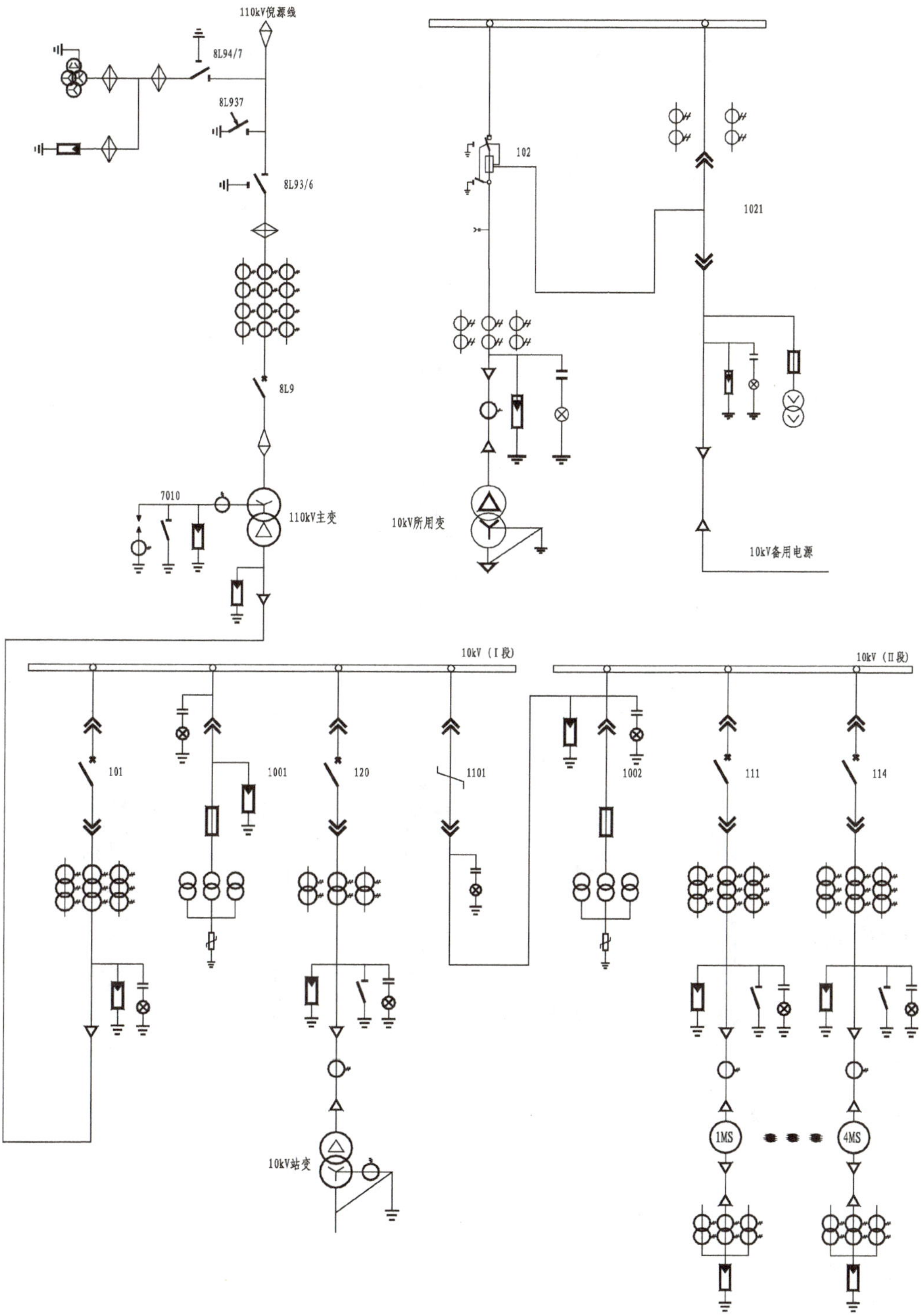

110kV悦源线
8L94/7
8L937
8L93/6
8L9
7010
110kV主变
102
1021
10kV所用变
10kV备用电源
10kV（Ⅰ段）
10kV（Ⅱ段）
101
1001
120
1101
1002
111
114
10kV站变
1MS
4MS

A.8 刘老涧二站

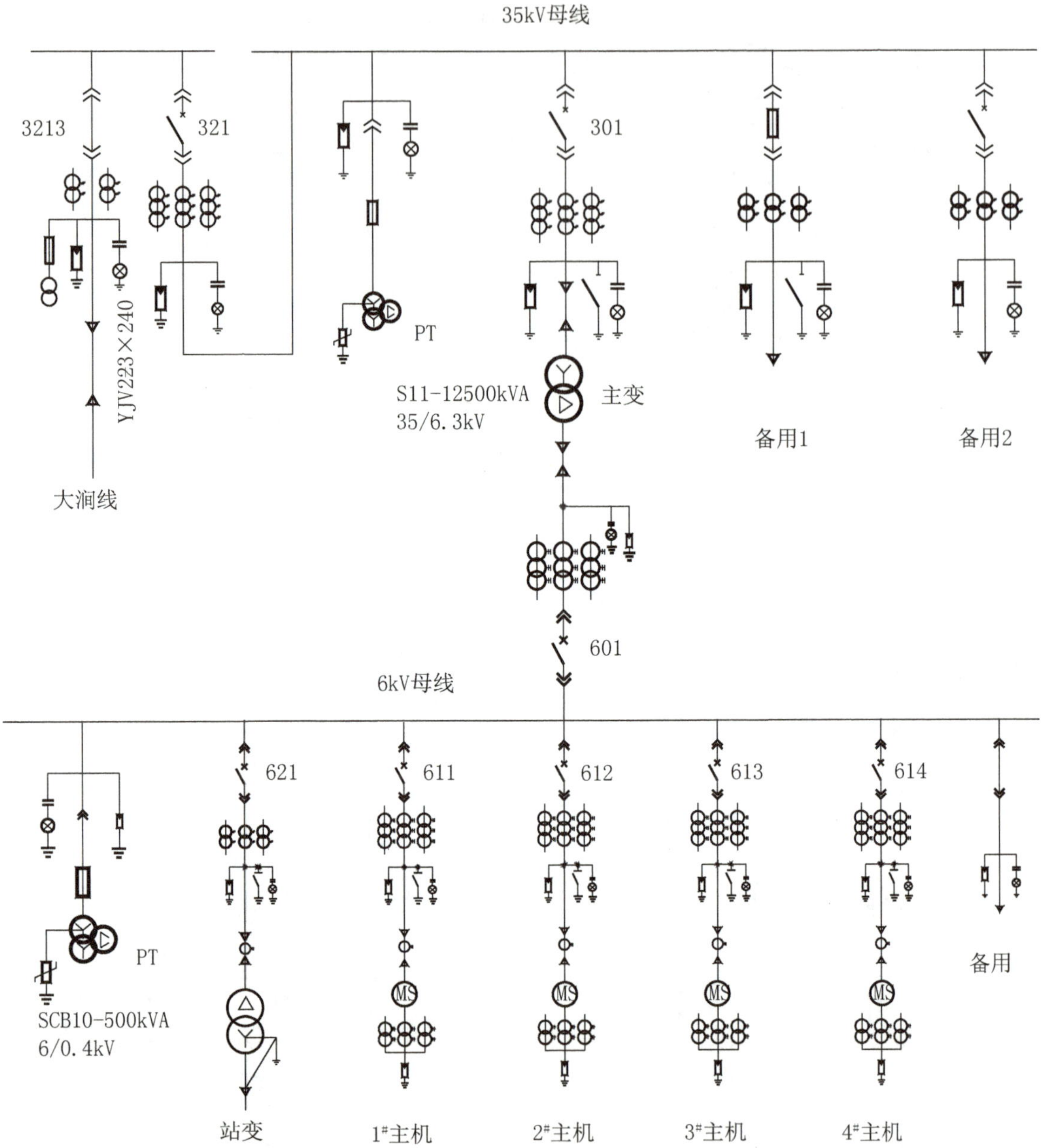
35kV母线
3213
321
301
PT
YJV223×240
S11-12500kVA
35/6.3kV
主变
备用1
备用2
大涧线
601
6kV母线
621
611
612
613
614
PT
SCB10-500kVA
6/0.4kV
备用
站变
1#主机
2#主机
3#主机
4#主机

A.9 皂河二站

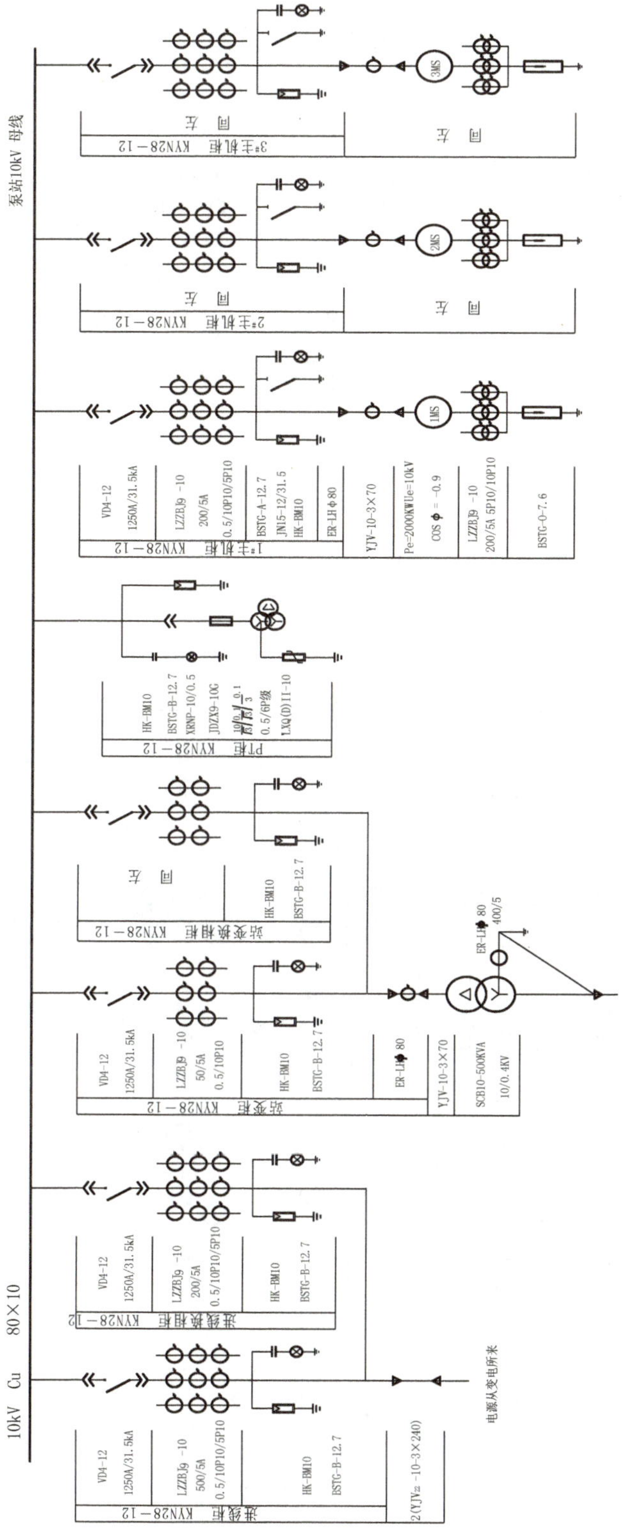

A.10 邳州站

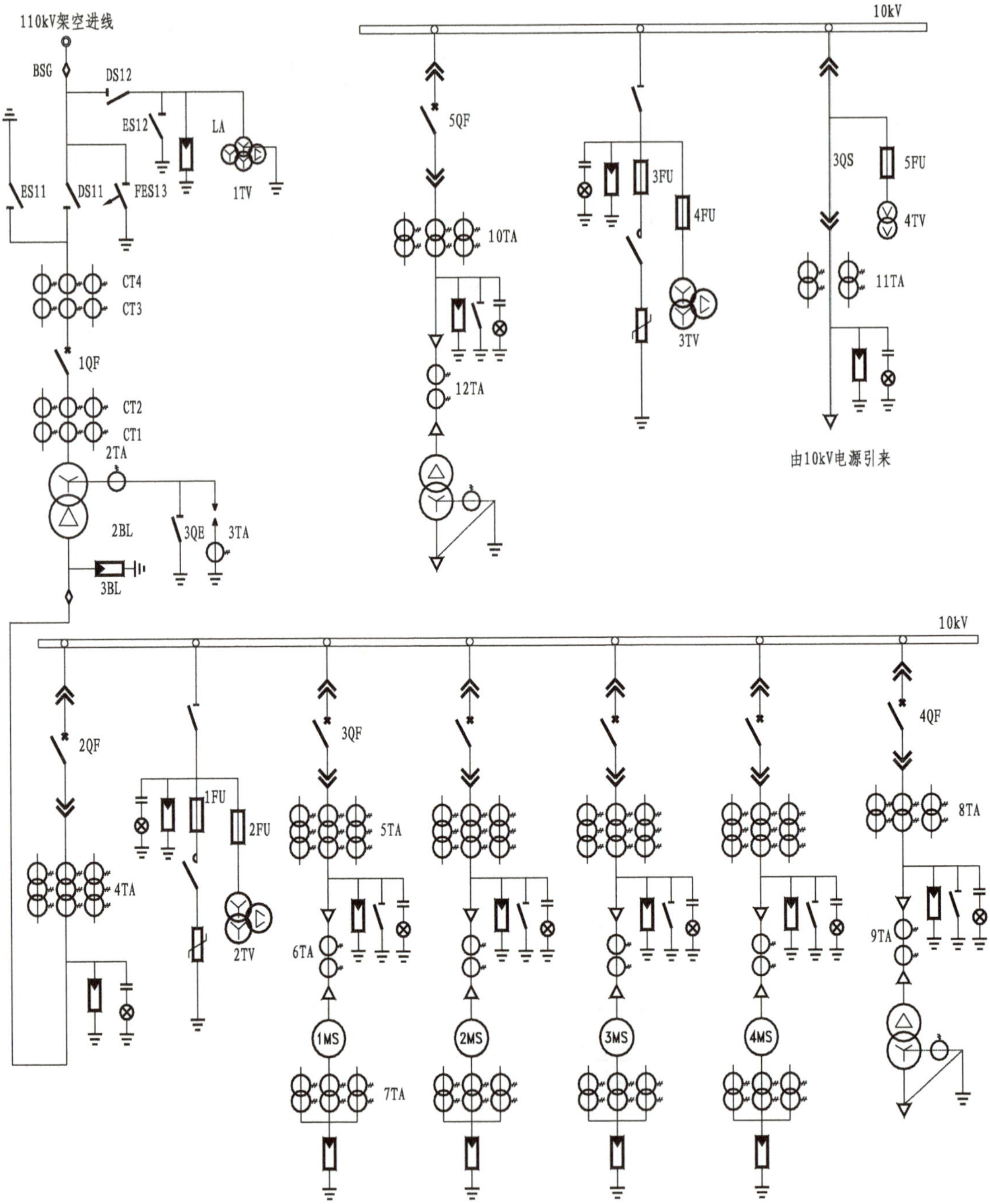
110kV架空进线
BSG
DS12
ES12
LA
1TV
ES11
DS11
FES13
CT4
CT3
1QF
CT2
CT1
2TA
2BL
3QE
3TA
3BL
10kV
5QF
10TA
12TA
3FU
4FU
3TV
3QS
5FU
4TV
11TA
由10kV电源引来
10kV
2QF
1FU
2FU
4TA
2TV
3QF
5TA
6TA
1MS
2MS
3MS
4MS
7TA
4QF
8TA
9TA

A. 11 刘山站

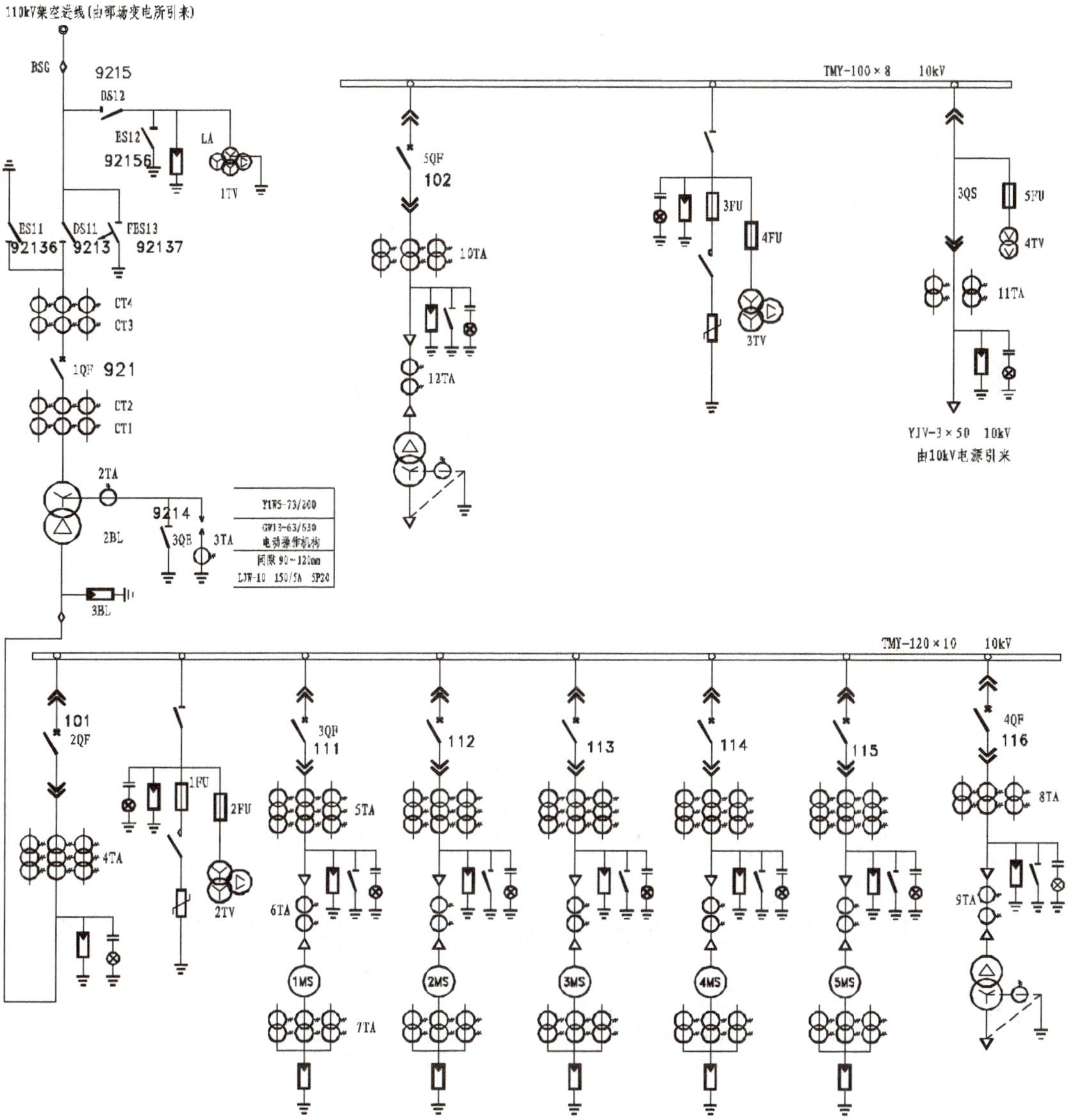
110kV架空进线(由部场变电所引来)
BSG
9215
DS12
ES12
92156
LA
1TV
ES11
92136
DS11
9213
FES13
92137
CT4
CT3
1QF 921
CT2
CT1
2TA
9214
2BL
3QE
3TA
Y1W5-73/200
GW13-63/630
电动操作机构
间隙 90~120mm
LJW-10 150/5A 5P20
3BL
TMY-100×8 10kV
5QF
102
10TA
12TA
3FU
4FU
3TV
3QS
5FU
4TV
11TA
YJV-3×50 10kV
由10kV电源引来
TMY-120×10 10kV
101
2QF
4TA
1FU
2FU
2TV
3QF
111
5TA
6TA
1MS
7TA
112
2MS
113
3MS
114
4MS
115
5MS
4QF
116
8TA
9TA

A.12 解台站

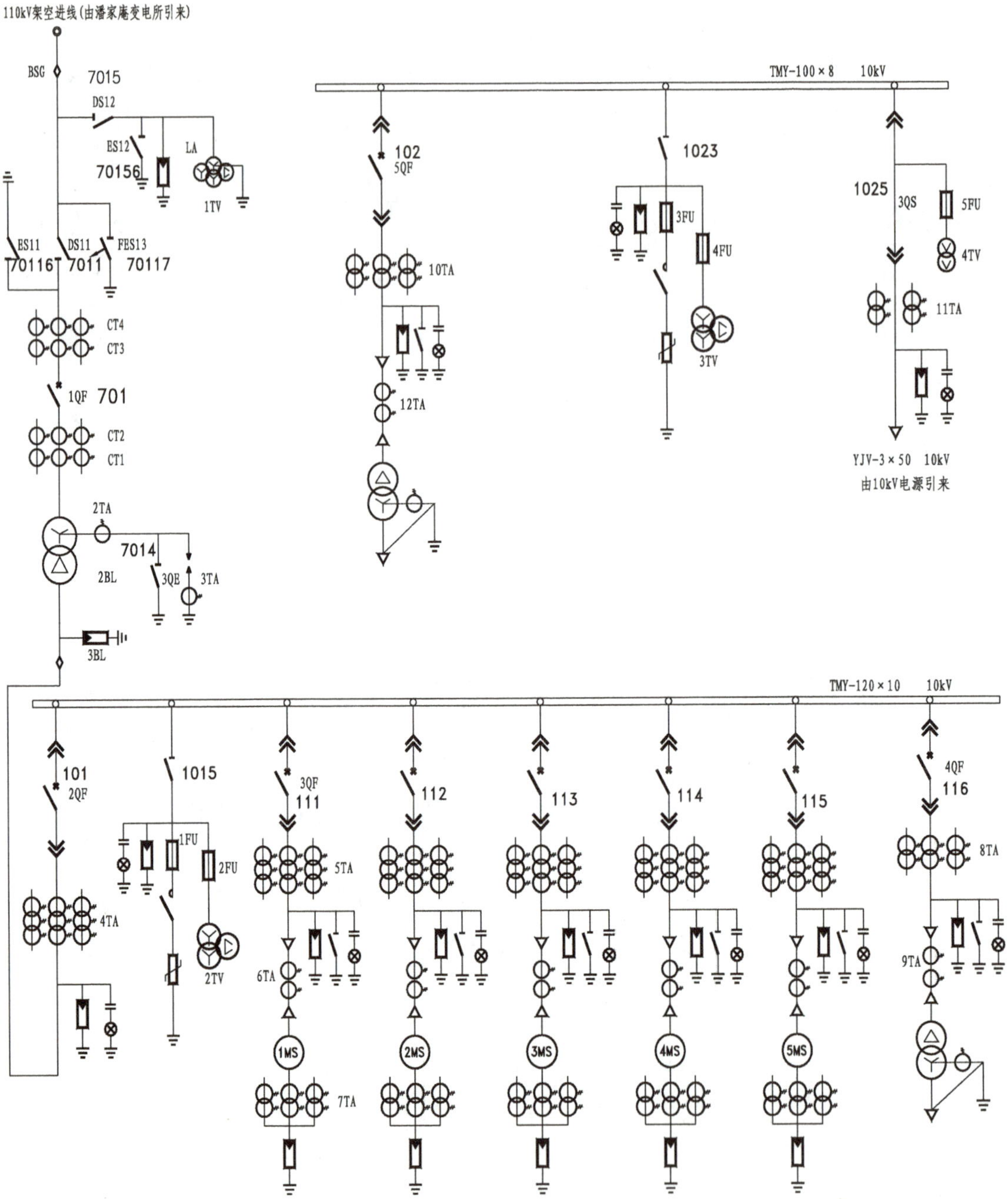

110kV架空进线(由潘家庵变电所引来)
BSG
7015
DS12
ES12
70156
LA
1TV
ES11
70116
DS11
7011
FES13
70117
CT4
CT3
1QF
701
CT2
CT1
2TA
7014
2BL
3QE
3TA
3BL
TMY-100×8 10kV
102
5QF
10TA
12TA
1023
3FU
4FU
3TV
1025
3QS
5FU
4TV
11TA
YJV-3×50 10kV
由10kV电源引来
TMY-120×10 10kV
101
2QF
4TA
1015
1FU
2FU
2TV
3QF
111
5TA
6TA
1MS
7TA
112
2MS
113
3MS
114
4MS
115
5MS
4QF
116
8TA
9TA

A. 13 蔺家坝站

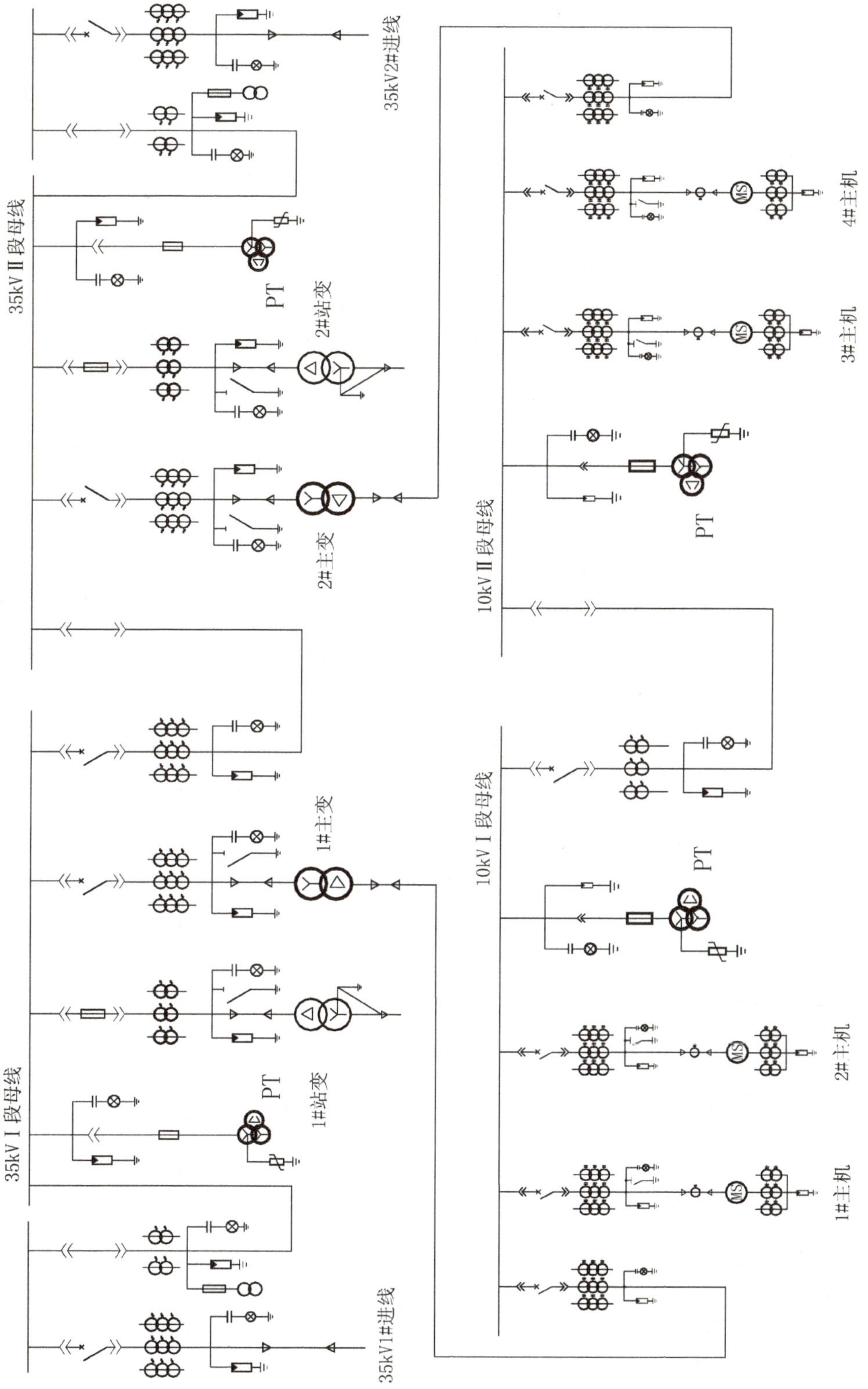
35kV2#进线
35kV II 段母线
PT
2#站变
2#主变
1#主变
PT
1#站变
35kV I 段母线
35kV1#进线
4#主机
3#主机
PT
10kV II 段母线
10kV I 段母线
PT
2#主机
1#主机

附录B 南水北调江苏新建泵站继电保护配置情况

B.1 宝应站

B.1.1 主变保护

主变参数：S10—20000/110，20 000 kVA，110±2×2.5%/10.5 kV，104.9/1 099.7 A，YNd11。

CT变比：高压侧150/5A，中性点100/5A，低压侧1 500/5 A。

保护类型	装置型号	定值名称	整定值	整定时间	动作
主变差动	南瑞继保 RCS-9671Ⅱ	差动速断	$6I_e(I_e=6.06\ A)$	0 ms	跳闸
		比率差动	$I_{qd}=0.3I_e, K_{bl}=0.5$	0 ms	跳闸
主变后备	南瑞继保 RCS-9681Ⅱ	电流速断	11.46 A	50 ms	跳闸
		过电流	7.24 A	1 500 ms	跳闸
		零序过流Ⅰ段	6.9 A	300 ms	跳闸
		零序过压Ⅰ时限	150 V	1 500 ms	跳闸
		间隙零序过流	3.3 A	300 ms	跳闸
		过负荷	3.7 A	10 000 ms	报警
主变非电量	南瑞继保 RCS-9661Ⅱ	重瓦斯	—	—	跳闸
		轻瓦斯	—	—	报警
		压力释放	—	—	跳闸
		油位异常	—	—	报警
		油温过高	75℃	—	报警
			85℃	—	跳闸

B.1.2 10 kV进线保护

CT变比：1 500/5 A。

保护类型	装置型号	定值名称	整定值	整定时间	动作
10 kV进线	南瑞继保 RCS—9611Ⅱ	电流速断	18.68 A	50 ms	跳闸
		过电流	4.63 A	500 ms	跳闸
		过负荷	3.48 A	9 000 ms	报警

B.1.2 站变保护

站变参数：SCB10-500/10，500 kVA，10±2×2.5%/0.4 kV，28.9/721.7 A，Yyn0。

CT变比：50/5 A。

保护类型	装置型号	定值名称	整定值	整定时间	动作
站变	南瑞继保 RCS-9621Ⅱ	电流速断	27.48 A	50 ms	跳闸
		过电流	7.25 A	500 ms	跳闸
		过负荷	3.0 A	8 000 ms	报警
		零序过流Ⅰ段	0.2 A	50 ms	跳闸
		低电压	75 V	100 ms	报警
		零序过压	15 V	10 000 ms	报警
		温度过高	120℃	—	报警
			130℃	—	跳闸

B.1.3 主机保护

主机参数：TL 3400-48/3700，3 400 kW，10 kV，229 A。

CT 变比：300/5 A。

保护类型	装置型号	定值名称	整定值	整定时间	动作
主机差动	南瑞继保 RCS-9642 Ⅱ	差动速断	13.3 A	0 ms	跳闸
		比率差动	$I_{qd}=1.14\text{A}, K_{bl}=0.3$	0 ms	跳闸
主机后备	南瑞继保 RCS-9641Ⅱ	电流速断	27.5 A	50 ms	跳闸
		过电流	7.64 A	500 ms	跳闸
		过负荷	4.22 A	9 000 ms	报警
		零序过压	15 V	5 000 ms	报警
		零序过流	0.2 A	100 ms	报警
		低电压	75V	1＃，4＃：2 500 ms 2＃，3＃：4 000 ms	跳闸
		励磁事故	—	—	跳闸
		励磁故障	—	—	报警

B.2 金湖站

B.2.1 主变保护

主变参数：S11-16000/110，16 000 kVA，110±2×2.5%/10.5 kV，83.97/879.77A，YNd11。

CT 变比：高压侧 300/5 A，中性点 100/5 A，低压侧 800/5 A。

保护类型	装置型号	定值名称	整定值	整定时间	动作
主变差动	南瑞继保 RCS-9671CS	差动速断	$6I_e(I_e=2.42\ \text{A})$	0 ms	跳闸
		比率差动	$I_{qd}=0.3I_e, K_{bl}=0.7$	0 ms	跳闸

（续表）

保护类型	装置型号	定值名称	整定值	整定时间	动作
主变后备	南瑞继保 RCS-9681CS	电流速断	10.5 A	500 ms	跳闸
		过电流	3 A	1 700 ms	跳闸
		过负荷	1.6 A	10 000 ms	跳闸
		零序过流Ⅰ段	5.6 A	300 ms	跳闸
		零序过流Ⅱ段	5.0 A	1 500 ms	跳闸
		零序过压Ⅰ时限	150 V	500 ms	跳闸
		间隙零序过流Ⅰ段	5.0 A	500 ms	跳闸
主变非电量	南瑞继保 RCS-9661CS	重瓦斯	—	—	跳闸
		轻瓦斯	—	—	报警
		压力释放	—	—	跳闸
		油位异常	—	—	报警
		油温过高	75℃	—	报警
			85℃	—	跳闸

B.2.2　10 kV 进线保护

CT 变比：1 000/5 A。

保护类型	装置型号	定值名称	整定值	整定时间	动作
10 kV 进线	南瑞继保 RCS-9611CS	电流速断	9.5 A	0 ms	跳闸
		过电流	7.6 A	3 000 ms	跳闸
		过负荷	5 A	9 000 ms	跳闸
		零序过压	15V	10 000 ms	报警

B.2.3　站变保护

站变参数：SCB10-800/10，800 kVA，10±2×2.5%/0.4 kV，46.2/1154.7 A，Dyn11。

CT 变比：75/5 A。

保护类型	装置型号	定值名称	整定值	整定时间	动作
站变	南瑞继保 RCS-9621CS	电流速断	22 A	0 ms	跳闸
		过电流	4.7 A	4 000 ms	跳闸
		过负荷	3.4 A	8 000 ms	报警
		零序过流Ⅰ段	0.15 A	0 ms	跳闸
		低电压	65 V	0	报警
		温度过高	120℃	—	报警
			130℃	—	跳闸

B.2.4 所变保护

所变参数：SCB10-800/10，800 kVA，10±2×2.5%/0.4 kV，46.2/1 154.7A，Dyn11。

CT 变比：75/5A。

保护类型	装置型号	定值名称	整定值	整定时间	动作
所变	南瑞继保 RCS-9621CS	电流速断	20 A	30 ms	跳闸
		过电流	4.7 A	2 000 ms	跳闸
		过负荷	3.2 A	8 000 ms	报警
		零序过流Ⅰ段	0.3 A	30 ms	跳闸
		低电压	65 V	0	报警
		温度过高	120℃	—	报警
			130℃	—	跳闸

B.2.5 主机保护

主机参数：TGBK 2200-52/3 000，2 200 kW，10 kV，149.5 A。

CT 变比：200/5 A。

保护类型	装置型号	定值名称	整定值	整定时间	动作
主机	南瑞继保 RCS-9643CS	差动速断	22 A	0 ms	跳闸
		比率差动	$I_{qd}=1.13A, K_{bl}=0.4$	0 ms	跳闸
		电流速断	25 A	30 ms	跳闸
		过电流	7.5 A	7 000 ms	跳闸
		过负荷	4 A	15 000 ms	报警
		零序过流	0.2 A	40 ms	跳闸
		零序过压	15 V	10 000 ms	报警
		低电压	70 V	1#，3#，5#：5 000 ms 2#，4#：9 000 ms	跳闸
		励磁事故	—	—	跳闸
		励磁故障	—	—	报警

B.3 淮阴三站

B.3.1 主变保护

主变参数：S10-25000/110，25 000 kVA，110±2×2.5%/10.5 kV，131.2/1 375 A，YNd11。

CT 变比：高压侧 300/5 A，中性点 100/5 A，低压侧 2 000/5 A。

保护类型	装置型号	定值名称	整定值	整定时间	动作
主变差动	国电南自 PST671U	差动速断	11 A	0 ms	跳闸
		比率差动	$I_{qd}=1.20$ A $K_{bl}=0.5, K_{b2}=0.7$	0 ms	跳闸

（续表）

保护类型	装置型号	定值名称	整定值	整定时间	动作
主变高后备	国电南自 PST671U	复压方向过流Ⅱ段	4.33 A，低电压闭锁 60 V，负序电压闭锁 6 V	1 400 ms	跳闸
		复压方向过流Ⅲ段	4.33 A，低电压闭锁 60 V，负序电压闭锁 6 V	1 400 ms	跳闸
		过负荷	2.75 A	5 000 ms	报警
		零序过流Ⅲ段	3 A	2 500 ms	跳闸
		间隙零序过流	1.67 A	500 ms	跳闸
		间隙零序过压	180 V	20 000 ms	跳闸
主变非电量	国电南自 PCX-BC	重瓦斯	—	—	跳闸
		轻瓦斯	—	—	报警
		压力释放	—	—	报警
		油位异常	—	—	报警
		油温过高	75℃	—	报警
			85℃	—	跳闸
主变低后备	国电南自 PST693U	复压方向过流Ⅱ段	5.25 A，低电压闭锁 60 V；负序电压闭锁 6 V	1 100 ms	跳闸
		复压方向过流Ⅲ段	5.25 A，低电压闭锁 60 V；负序电压闭锁 6 V	1 100 ms	跳闸
		过负荷	4.25 A	5 000 ms	报警

B.3.2 至三站 10 kV 出线保护

CT 变比：800/5 A。

保护类型	装置型号	定值名称	整定值	整定时间	动作
10 kV 进线	国电南自 PST691U	电流速断	14.8 A	0 ms	跳闸
		过电流	9.43 A	800 ms	跳闸
		过负荷	3.8 A	9 000 ms	报警

B.3.3 三站 10 kV 进线保护

CT 变比：800/5 A。

保护类型	装置型号	定值名称	整定值	整定时间	动作
10 kV 进线	南瑞继保 RCS-9611CS	电流速断	18.5 A	0 ms	跳闸
		过电流	11.79 A	800 ms	跳闸
		过负荷	4.76 A	9 000 ms	报警

B.3.4 站变保护

站变参数:SCB10-630/10,630 kVA,10±2×2.5%/0.4 kV,46.2/1 154.7 A,Dyn11。

CT 变比:50/5 A。

保护类型	装置型号	定值名称	整定值	整定时间	动作
站变	南瑞继保 RCS-9621CS	电流速断	29.6 A	0 ms	跳闸
		过电流	10.7 A	500 ms	跳闸
		过负荷	4.3 A	9 000 ms	报警
		零序过流Ⅰ段	0.5 A	500 ms	跳闸
		温度过高	120℃	—	报警
			130℃	—	跳闸

B.3.5 3#所变柜保护

所变参数:SCB10-500,500 kVA,10±2×2.5%/0.4 kV,28.87/721.7A,Dyn11。

CT 变比:50/5 A。

保护类型	装置型号	定值名称	整定值	整定时间	动作
所变	国电南自 PST693U	电流速断	12 A	0 ms	跳闸
		过电流	6 A	500 ms	跳闸
		过负荷	4.5 A	1 800 ms	跳闸
		温度过高	120℃	—	报警
			130℃	—	跳闸

B.3.6 4#所变柜保护

所变参数:SCB10-500,500 kVA,10±2×2.5%/0.4 kV,28.87/721.7 A,Dyn11。

CT 变比:50/5 A。

保护类型	装置型号	定值名称	整定值	整定时间	动作
所变	国电南自 PST693U	电流速断	7.5 A	0 ms	跳闸
		过电流	3 A	500 ms	跳闸
		温度过高	120℃	—	报警
			130℃	—	跳闸

B.3.7 主机保护

主机参数：TGBK 2200-52/3 000，2 200 kW，6.6 kV，192.4 A。

CT 变比：200/5 A。

保护类型	装置型号	定值名称	整定值	整定时间	动作
主机	南瑞继保 RCS-9611CS	电流速断	38.5 A	50 ms	跳闸
		过电流	11.1 A	500 ms	跳闸
		过负荷	4.47 A	9 000 ms	跳闸
		零序过流	0.5 A	500 ms	跳闸
		低电压	65 V	9 000 ms	跳闸
		励磁事故	—	—	跳闸
		励磁故障	—	—	报警

B.4 淮安四站

B.4.1 6 kV 进线保护

CT 变比：1 500/5 A。

保护类型	装置型号	定值名称	整定值	整定时间	动作
6 kV 进线	南瑞继保 RCS-9611	电流速断	42.8 A	0 ms	跳闸
		过电流	6.65 A	700 ms	跳闸
		低电压	51 V	4 000 ms	跳闸

B.4.2 站变保护

站变参数：SCB10-630/6，630 kVA，6±2×2.5%/0.4 kV，60.62/909.3 A，Dyn11。

CT 变比：75/5 A。

保护类型	装置型号	定值名称	整定值	整定时间	动作
站变	南瑞继保 RCS—9621	电流速断	16.65 A	500 ms	跳闸
		过电流	4.75 A	1 000 ms	跳闸
		低电压	51 V	3 000 ms	跳闸
		温度过高	120℃	—	报警
			130℃	—	跳闸

B. 4. 3 主机保护

主机参数：TL 2500-40/3 250，2 500 kW，6 kV，281. 3 A。

CT 变比：400/5 A。

保护类型	装置型号	定值名称	整定值	整定时间	动作
主机	南瑞继保 RCS-9627	比率差动	$I_{qd}=0.7A, K_{bl}=0.5$	0 ms	跳闸
		电流速断	25 A	0 ms	跳闸
		过负荷	4 A	8 000 ms	跳闸
		零序过流	0. 1 A	0 ms	跳闸
		低电压	51V	1#，2#：1 000 ms 3#，4#：2 000 ms	跳闸
		励磁事故	—	—	跳闸
		励磁故障	—	—	报警

B. 5 洪泽站

B. 5. 1 主变保护

主变参数：S11-25000/110，25 000 kVA，110±2×2. 5%/10. 5 kV，131. 2/1 374. 6 A，YNd11。

CT 变比：一侧 300/5 A，三侧 100/5 A，四侧 2 000/5 A。

保护类型	装置型号	定值名称	整定值	整定时间	动作
主变差动	南瑞继保 RCS-9671CS	差动速断	$6I_e(I_e=3.79\ A)$	0 ms	跳闸
		比率差动	$I_{qd}=0.3I_e, K_{bl}=0.5$	0 ms	跳闸
主变后备	南瑞继保 RCS-9681CS	电流速断	15 A	500 ms	跳闸
		复压过流Ⅱ段	4 A，低电压闭锁 70 V，负序电压闭锁 10 V	1 700 ms	跳闸
		零序过流Ⅰ段	D4 A	2 500 ms	跳闸
		间隙零序过流Ⅰ段	5 A	0 ms	报警
		零序过压Ⅰ时限	150 V	0 ms	报警
主变非电量	南瑞继保 RCS-9661CS	重瓦斯	—	—	跳闸
		轻瓦斯	—	—	报警
		压力释放	—	—	跳闸
		油位异常	—	—	报警
		油温过高	75℃	—	报警
			85℃	—	跳闸

B.5.2 10 kV 进线保护

CT 变比:2 000/5 A。

保护类型	装置型号	定值名称	整定值	整定时间	动作
10 kV 进线	南瑞继保 RCS-9611CS	电流速断	9.5 A	30 ms	跳闸
		过电流	5.8 A	1 200 ms	跳闸
		过负荷	3.8 A	9 000 ms	跳闸
		低电压	65 V	6 000 ms	跳闸
		零序电压	15 V	10 000 ms	报警

B.5.3 站变保护

站变参数:SCB10-800/10,800 kVA,10±2×2.5%/0.4 kV,46.2/1 154.7 A,Dyn11。

CT 变比:75/5 A。

保护类型	装置型号	定值名称	整定值	整定时间	动作
站变	南瑞继保 RCS-9621CS	电流速断	22 A	30 ms	跳闸
		过电流	4.7 A	4 000 ms	跳闸
		过负荷	3.4 A	8 000 ms	报警
		零序过流Ⅰ段	0.15 A	1 000 ms	跳闸
		低电压	65 V	100 ms	报警
		温度过高	120℃	—	报警
			130℃	—	跳闸

B.5.4 所变保护

所变参数:SCB10-800/10,800 kVA,10±2×2.5%/0.4 kV,46.2/1 154.7 A,Dyn11。

CT 变比:75/5 A。

保护类型	装置型号	定值名称	整定值	整定时间	动作
所变	南瑞继保 RCS-9621CS	电流速断	20 A	30 ms	跳闸
		过电流	4.7 A	2 000 ms	跳闸
		过负荷	3.2 A	8 000 ms	报警
		零序过流Ⅰ段	0.3 A	0 ms	跳闸
		低电压	65 V	100 ms	报警
		温度过高	120℃	—	报警
			130℃	—	跳闸

B.5.5 主机保护

1. 抽水工况

主机参数:TL 3550-48/3 700,3 550 kW,10 kV,241 A。

CT 变比：300/5 A。

保护类型	装置型号	定值名称	整定值	整定时间	动作
主机	南瑞继保 RCS-9643CS	差动速断	24.1 A	0 ms	跳闸
		比率差动	$I_{qd}=1.22A, K_{bl}=0.4$	0 ms	跳闸
		电流速断	26 A	30 ms	跳闸
		过电流	8.5 A	500 ms	跳闸
		过负荷	4.6 A	15 000 ms	跳闸
		零序过流	0.2 A	40 ms	跳闸
		低电压	70 V	1＃，3＃，5＃：4 000 ms 2＃，4＃：2 000 ms	跳闸
		励磁事故	—	—	跳闸
		励磁故障	—	—	报警

2. 发电工况

主机参数：TL3550-48/3700，1 000 kW，6.3 kV，121 A。

CT 变比：300/5 A。

保护类型	装置型号	定值名称	整定值	整定时间	动作
主机	南瑞继保 RCS-9643CS	差动速断	24.1 A	0 ms	跳闸
		比率差动	$I_{qd}=1.22A, K_{bl}=0.4$	0 ms	跳闸
		电流速断	26 A	30 ms	跳闸
		过电流	8.5 A	500 ms	跳闸
		过负荷	3 A	15 000 ms	跳闸
		零序过流	0.2 A	40 ms	跳闸
		低电压	44 V	1＃，3＃，5＃：4 000 ms 2＃，4＃：2 000 ms	跳闸
		过电压	76 V	1＃，3＃，5＃：1 000 ms 2＃，4＃：500 ms	跳闸
		高频保护	31.5 Hz	500 ms	跳闸
		励磁事故	——	——	跳闸
		励磁故障	——	——	报警

B.5.6 水电站 10 kV 进线保护

CT 变比：150/5 A。

保护类型	装置型号	定值名称	整定值	整定时间	动作
10 kV 进线	南瑞继保 RCS-9611CS	电流速断	20 A	0 ms	跳闸
		过电流	4 A	1 500 ms	跳闸
		低电压	65 V	900 ms	跳闸
		过电压	130 V	5 000 ms	跳闸
		低周保护	48 Hz	500 ms	跳闸

B. 5. 7　水电站升压变保护

升压变参数：SCB 10-1600/10，1 600 kVA，10±2×2. 5%/0. 4 kV，92. 4/2 309. 4 A，Dyn11。

CT 变比：150/5 A。

保护类型	装置型号	定值名称	整定值	整定时间	动作
升压变	南瑞继保 RCS-9621CS	电流速断	20 A	30 ms	跳闸
		过电流	4 A	1 500 ms	跳闸
		过负荷	2. 8 A	10 000 ms	报警
		零序过流 I 段	0. 2 A	500 ms	跳闸
		低电压	65 V	5 000 ms	跳闸
		零序过压	15 V	10 s	报警
		温度过高	120℃	—	报警
			130℃	—	跳闸

B. 5. 8　6 kV 变频电动机

CT 变比：1000/5 A，零序 CT 变比：50 A/1 A，I_e=3. 467 A，电机启动时间 7 s。

保护类型	装置型号	定值名称	整定值	整定时间	动作
6 kV 变频电动机	南瑞继保 PCS-9627	电流速断	23. 5 A	30 ms	跳闸
		过流 II 段	7. 3 A	1 000 ms	跳闸
		过负荷	3. 8 A	10 000 ms	跳闸
		零序过流 I 段	0. 2 A	40 ms	跳闸
		低电压	41 V	2 000 ms	跳闸
		过电压	82 V	500 ms	跳闸
		磁平衡差动	1. 04 A	0 ms	跳闸

B. 5. 9　10 kV 变频发电机保护

CCT 变比：600/5 A，零序 CT 变比：50 A/1 A，I_e=3. 437 A，电机启动时间 7 s。

保护类型	装置型号	定值名称	整定值	整定时间	动作
10 kV 变频发电机	南瑞继保 PCS-9627	电流速断	24 A	30 ms	跳闸
		过流Ⅱ段	7.5 A	1 000 ms	跳闸
		过负荷	4 A	10 000 ms	跳闸
		零序过流Ⅰ段	0.2 A	40 ms	跳闸
		磁平衡差动	1.03 A	0 ms	跳闸
		低电压	65 V	1 000 ms	跳闸
		过电压	130 V	500 ms	跳闸
		低周	49.5 Hz	1 000 ms	跳闸
		高周	50.5 Hz	1 000 ms	跳闸

B.6 泗洪站

B.6.1 主变保护

主变参数：S11-16000/110，16 000 kVA，110±2×2.5%/6.3 kV，34.0/1 466.3 A，YNd11。

CT 变比：高压侧 300/5 A，中性点 100/5 A，低压侧，1 500/5 A。

保护类型	装置型号	定值名称	整定值	整定时间	动作
主变差动	南瑞继保 RCS-9671CS	差动速断	$6I_e(I_e=1.21\ \text{A})$	0 ms	跳闸
		比率差动	$I_{qd}=0.6I_e, K_{bl}=0.5$	0 ms	跳闸
主变后备	南瑞继保 RCS-9681CS	复压闭锁过流Ⅰ段	6.9 A，低电压闭锁 70 V，负序电压闭锁 6 V	300 ms	跳闸
		复压闭锁过流Ⅱ段	3 A，低电压闭锁 70 V，负序电压闭锁 6 V	600 ms	跳闸
		复压闭锁过流Ⅲ段	1.05 A，低电压闭锁 70 V，负序电压闭锁 6 V	1 200 ms	跳闸
		过负荷	0.85 A	7 000 ms	报警
		零序过流Ⅰ段	2.6 A	2 400 ms	跳闸
		零序过压Ⅰ时限	150 V	500 ms	跳闸
		间隙零序过流Ⅰ段	1.5 A	300 ms	跳闸
主变非电量	南瑞继保 RCS-9661CS	重瓦斯	—	—	跳闸
		轻瓦斯	—	—	报警
		压力释放	—	—	报警
		油位异常	—	—	报警
		油温过高	75℃	—	报警
			85℃	—	跳闸

B.6.2　6 kV 进线保护

CT 变比:1 500/5 A。

保护类型	装置型号	定值名称	整定值	整定时间	动作
10 kV 进线	南瑞继保 RCS-9611CS	电流速断	9 A	0 ms	跳闸
		过电流	7.5 A	3 000 ms	跳闸
		过负荷	5.5 A	9 000 ms	跳闸
		零序过压	15 V	10 000 ms	报警

B.6.3　站变保护

站变参数:SCB 10-800/6,800 kVA,6±2×2.5%/0.4 kV,76.98/1 154.7 A,Dyn11。

CT 变比:100/5 A。

保护类型	装置型号	定值名称	整定值	整定时间	动作
站变	南瑞继保 RCS-9621CS	电流速断	28 A	30 ms	跳闸
		过电流	7 A	4 000 ms	跳闸
		过负荷	4 A	8 000 ms	报警
		零序过流 I 段	0.15 A	0 ms	跳闸
		低电压	65 V	0 ms	报警
		温度过高	120℃	—	报警
			130℃	—	跳闸

B.6.4　主机保护(变频)

主机参数:TG 2000-56,2 000 kW,6 kV,225 A。

CT 变比:300/5 A。

保护类型	装置型号	定值名称	整定值	整定时间	动作
主机	南瑞继保 RCS-9621CS	电流速断	32 A	30 ms	跳闸
		过电流	9 A	10 000 ms	跳闸
		过负荷	5 A	15 000 ms	报警
		零序过流	0.2 A	40 ms	跳闸
		低电压	65 V	10 000 ms	跳闸
		励磁事故	—	—	跳闸
		励磁故障	—	—	报警

B.6.5　主机保护(旁路)

主机参数:TG 2000-56,2 000 kW,6 kV,225 A。

CT 变比:300/5 A。

保护类型	装置型号	定值名称	整定值	整定时间	动作
主机	南瑞继保 RCS-9643CS	差动速断	22.5 A	0 ms	跳闸
		比率差动	$I_{qd}=1.12$A,$K_{bl}=0.4$	0 ms	跳闸
		电流速断	27 A	30 ms	跳闸
		过流Ⅱ段	8 A	6 000 ms	跳闸
		过流Ⅲ段	8 A	7 000 ms	跳闸
		过负荷	4 A	15 000 ms	跳闸
		零序过流	0.2 A	40 ms	跳闸
		低电压	70V	1＃,3＃,5＃:9 000 ms 2＃,4＃:5 000 ms	跳闸
		励磁事故	—	—	跳闸
		励磁故障	—	—	报警

B.7　睢宁二站

B.7.1　主变保护

主变参数:S11-16000/110,16 000 kVA,110±2×2.5%/10.5 kV,83.97/879.77 A,YNd11。

CT 变比:高压侧 300/5 A,中性点 100/5 A,低压侧 1 000/5 A。

保护类型	装置型号	定值名称	整定值	整定时间	动作
主变差动	南瑞继保 RCS-9671CS	差动速断	$8I_e$($I_e=2.42$ A)	0 ms	跳闸
		比率差动	$I_{qd}=0.46I_e$,$K_{bl}=0.4$,	0 ms	跳闸
主变后备	南瑞继保 RCS-9681CS	复压闭锁过流Ⅰ段	5.6 A,低电压闭锁 70 V,负序电压闭锁 6 V	1 300 ms	跳闸
		复压闭锁过流Ⅱ段	2.1 A,低电压闭锁 70 V,负序电压闭锁 6 V	1 600 ms	跳闸
		过流Ⅵ段	2.5 A	1 200 ms	跳闸
		过负荷	1.7 A	7 000 ms	报警
		零序过流Ⅰ段	3.1 A	1 200 ms	跳闸
		间隙零序过流Ⅰ段	10 A	300 ms	跳闸
		零序过压Ⅰ时限	150 V	300 ms	跳闸
主变非电量	南瑞继保 RCS-9661CS	重瓦斯	—	—	跳闸
		轻瓦斯	—	—	报警
		压力释放	—	—	跳闸
		油位异常	—	—	报警
		油温过高	75℃	—	报警
			85℃	—	跳闸

B.7.2 10 kV 进线保护

CT 变比:1 000/5 A。

保护类型	装置型号	定值名称	整定值	整定时间	动作
10 kV 进线	南瑞继保 RCS-9611CS	电流速断	18.4 A	0 ms	跳闸
		过电流	9.2 A	500 ms	跳闸
		过负荷	5.5 A	7 000 ms	跳闸

B.7.3 站变保护

站变参数:SCB 10-630/10,630 kVA,10±2×2.5%/0.4 kV,36.37/909.33 A,Dyn11。

CT 变比:50/5 A。

保护类型	装置型号	定值名称	整定值	整定时间	动作
站变	南瑞继保 RCS-9621CS	电流速断	20 A	0 ms	跳闸
		过电流	5.8 A	500 ms	跳闸
		过负荷	4.3 A	10 000 ms	报警
		零序过流Ⅰ段	0.8 A	800 ms	跳闸
		低电压	70 V	3 000 ms	跳闸
		温度过高	120℃	—	报警
			130℃	—	跳闸

B.7.4 主机保护

主机参数:TL 3000-40/3150,3 000 kW,10 kV,202 A。

CT 变比:300/5 A。

保护类型	装置型号	定值名称	整定值	整定时间	动作
主机	南瑞继保 RCS-9643CS	差动速断	11 A	0 ms	跳闸
		比率差动	$I_{qd}=1A, K_{bl}=0.3$	0 ms	跳闸
		电流速断	23.6 A	50 ms	跳闸
		过电流	6.7 A	500 ms	跳闸
		过负荷	4 A	10 000 ms	跳闸
		零序过流	0.1 A	500 ms	跳闸
		负序过流Ⅰ段	3 A	300 ms	跳闸
		负序过流Ⅱ段	1.2 A	800 ms	跳闸
		低电压	75 V	1#,3#:1 500 ms 2#,4#:2 000 ms	跳闸
		励磁事故	—	—	跳闸
		励磁故障	—	—	报警

B.8 刘老涧二站

B.8.1 35 kV 进线保护

CT 变比：600/5 A。

保护类型	装置型号	定值名称	整定值	整定时间	动作
35 kV 进线	南瑞继保 RCS-9681CS	电流速断	7.5 A	0 ms	跳闸
		过电流	3.4 A	500 ms	跳闸
		过负荷	2.1 A	10 000 ms	跳闸

B.8.2 主变保护

主变参数：S 11-12500/35，12 500 kVA，35±2×2.5%/6.3 kV，206.2/1 145.5 A，Yd11。

CT 变比：高压侧 250/5 A；低压侧，1 500/5 A。

保护类型	装置型号	定值名称	整定值	整定时间	动作
主变差动	南瑞继保 RCS-9671Ⅱ	差动速断	$8I_e(I_e=3.82\ \text{A})$	0 ms	跳闸
		比率差动	$I_{qd}=0.6I_e, K_{bl}=0.4$	0 ms	跳闸
主变后备	南瑞继保 RCS-9681CS	复压闭锁过流Ⅰ段	16.5 A，低电压闭锁 60 V，负序电压闭锁 6 V	300 ms	跳闸
		过流Ⅵ段	7.5 A	1 200 ms	跳闸
		复压闭锁过流Ⅱ段	6.2 A，低电压闭锁 60 V，负序电压闭锁 6 V	2 000 ms	跳闸
		过负荷	5 A	7 000 ms	报警
		零序过压Ⅰ时限	150 V	500 ms	报警
主变非电量	南瑞继保 RCS-9661CS	重瓦斯	—	—	跳闸
		轻瓦斯	—	—	报警
		压力释放	—	—	跳闸
		油位异常	—	—	报警
		油温过高	75℃	—	报警
			85℃	—	跳闸

B.8.3 35 kV 备用出线保护

CT 变比：250/5 A。

保护类型	装置型号	定值名称	整定值	整定时间	动作
35 kV 备用出线	南瑞继保 RCS-9613CS	电流速断	18 A	0 ms	跳闸
		过电流	8.2 A	500 ms	跳闸
		过负荷	4.9 A	7 000 ms	跳闸

B.8.4 6 kV 进线保护

CT 变比:1 500/5 A。

保护类型	装置型号	定值名称	整定值	整定时间	动作
6 kV 进线	南瑞继保 RCS-9681CS	过流Ⅰ段	15.3 A	100 ms	跳闸
		过流Ⅵ段	6.9 A	800 ms	跳闸
		过流Ⅱ段	5.8 A	1 500 ms	跳闸
		过负荷	4.6 A	7 000 ms	报警

B.8.5 站变保护

站变参数:SCB 10-500/6,500 kVA,6±2×2.5%/0.4 kV,48.11/721.69 A,Dyn11。

CT 变比:75/5 A。

保护类型	装置型号	定值名称	整定值	整定时间	动作
站变	南瑞继保 RCS-9621CS	电流速断	16.5 A	0 ms	跳闸
		过电流	6.4 A	500 ms	跳闸
		过负荷	3.9 A	10 000 ms	报警
		零序过流Ⅰ段	0.1 A	500 ms	跳闸
		温度过高	120℃	—	报警
			130℃	—	跳闸

B.8.6 主机保护

1. 抽水状况

主机参数:TL 2000-48,2 000 kW,6 kV,225 A。

CT 变比:300/5 A。

保护类型	装置型号	定值名称	整定值	整定时间	动作
主机差动	南瑞继保 RCS-9642Ⅱ	差动速断	11.3 A	0 ms	跳闸
		比率差动	$I_{qd}=3.75\text{A}$,$K_{bl}=0.3$	0 ms	跳闸
主机后备	南瑞继保 RCS-9643CS	电流速断	26.3 A	50 ms	跳闸
		过电流	7.5 A	500 ms	跳闸
		过负荷	4.5 A	10 000 ms	跳闸
		负序过流Ⅰ段	3.4 A	50 ms	跳闸
		负序过流Ⅱ段	1.3 A	800 ms	跳闸
		零序过流	0.1 A	500 ms	报警
		低电压	65 V	1#,3#:1 000 ms 2#,4#:2 000 ms	跳闸
		励磁事故	—	—	跳闸
		励磁故障	—	—	报警

2. 发电工况

主机参数：TL2000-48，CT 变比：300/5 A。

<table>
<tr><th>保护类型</th><th>装置型号</th><th>定值名称</th><th>整定值</th><th>整定时间</th><th>动作</th></tr>
<tr><td rowspan="2">主机差动</td><td rowspan="2">南瑞继保
RCS—9642Ⅱ</td><td>差动速断</td><td>10 A</td><td>0 ms</td><td>跳闸</td></tr>
<tr><td>比率差动</td><td>$I_{qd}=1.0$ A，$K_{bl}=0.3$</td><td>0 ms</td><td>跳闸</td></tr>
<tr><td rowspan="8">主机后备</td><td rowspan="8">南瑞继保
RCS-9643CS</td><td>电流速断</td><td>16 A</td><td>100 ms</td><td>跳闸</td></tr>
<tr><td>过电流</td><td>6 A</td><td>500 ms</td><td>跳闸</td></tr>
<tr><td>过负荷</td><td>4 A</td><td>15 000 ms</td><td>跳闸</td></tr>
<tr><td>零序过流</td><td>0.1 A</td><td>500 ms</td><td>跳闸</td></tr>
<tr><td>过电压</td><td>78 V</td><td>1#，3#：500 ms
2#，4#：1 000 ms</td><td>跳闸</td></tr>
<tr><td>励磁事故</td><td>——</td><td>——</td><td>跳闸</td></tr>
<tr><td>励磁故障</td><td>——</td><td>——</td><td>报警</td></tr>
</table>

B.9 皂河二站

B.9.1 主变保护

主变参数：S11－31500/110，31 500 kVA，110 ± 2 × 2.5%/10.5 kV，165.33/1 732.05 A，YNd11。

CT 变比：高压侧 300/5 A，中性点 150/5 A，低压侧 2 500/5 A。

<table>
<tr><th>保护类型</th><th>装置型号</th><th>定值名称</th><th>整定值</th><th>整定时间</th><th>动作</th></tr>
<tr><td rowspan="4">主变差动</td><td rowspan="4">GE
T60</td><td>差动速断</td><td>34.44 A</td><td>0 ms</td><td>跳闸</td></tr>
<tr><td>比率差动</td><td>$I_{qd}=0.4PU$，$K_{b_1}=0.5$，
$K_{b_2}=0.8$（$PU=5.00$ A）</td><td>0 ms</td><td>跳闸</td></tr>
<tr><td>零序过流</td><td>0.666Pul</td><td>0.3</td><td>跳闸</td></tr>
<tr><td>间隙零序过流</td><td>1Pul</td><td>0.3</td><td>跳闸</td></tr>
<tr><td rowspan="2">主变高后备</td><td rowspan="2">GE
T60</td><td>相瞬时过流
低定值</td><td>4.12 A</td><td>1 200 ms</td><td>跳闸</td></tr>
<tr><td>相延时过流
低定值</td><td>3.2 A</td><td>9 000 ms</td><td>报警</td></tr>
<tr><td rowspan="2">主变低后备</td><td rowspan="2">GE
T60</td><td>相瞬时过流
低定值</td><td>14.6 A</td><td>0 ms</td><td>跳闸</td></tr>
<tr><td>相延时过流
低定值</td><td>5.6 A</td><td>600 ms</td><td>跳闸</td></tr>
</table>

（续表）

保护类型	装置型号	定值名称	整定值	整定时间	动作
主变非电量	GE T60	重瓦斯	—	—	跳闸
		轻瓦斯	—	—	报警
		压力释放	—	—	跳闸
		油位异常	—	—	报警
		油温过高	75℃	—	报警
			85℃	—	跳闸

B.9.2 110 kV 西水进线保护

CT 变比：600/5 A。

保护类型	装置型号	定值名称	整定值	整定时间	动作
110 kV 西水进线	GEF656	相瞬时过流高定值 1(受电)	12.5 A	200 ms	跳闸
		相瞬时过流低定值 1(受电)	5 A	1 300 ms	跳闸
		相瞬时过流高定值 2(发电)	0.5 A	200 ms	跳闸
		相瞬时过流低定值 2(发电)	0.2 A	1 300 ms	跳闸
		相延时过流低定值 2(发电)	0.1 A	10 000 ms	报警
		自产零序瞬时过流 2	2.5 A	0	跳闸

B.9.3 去二站 10kV 出线保护

CT 变比：500/5A。

保护类型	装置型号	定值名称	整定值	整定时间	动作
站变	南瑞继保 RCS-9643CS	相瞬时过流高定值 1(受电)	20 A	100 ms	跳闸
		相瞬时过流低定值 1(受电)	8 A	600 ms	跳闸
		相延时过流低定值 1(受电)	4.71 A	9 000 ms	报警
		相瞬时过流高定值 2(发电)	6 A	100 ms	跳闸
		相瞬时过流低定值 2(发电)	2.2 A	600 ms	跳闸

B.9.4 二站 10 kV 进线保护

CT 变比：500/5 A。

保护类型	装置型号	定值名称	整定值	整定时间	动作
10 kV 进线	南瑞继保 RCS-9643CS	电流速断	17.5 A	50 ms	跳闸
		过电流	7.8 A	500 ms	跳闸
		过负荷	6.1 A	15 000 ms	跳闸

B.9.5 二站 10 kV 进线换相保护

CT 变比：500/5 A。

保护类型	装置型号	定值名称	整定值	整定时间	动作
10 kV 进线	南瑞继保 RCS-9643CS	电流速断	20 A	50 ms	跳闸
		过电流	8 A	500 ms	跳闸
		过负荷	5 A	15 000 ms	跳闸
		低周保护	49.5Hz	500 ms	跳闸

B.9.6 站变保护

站变参数：SCB 10-500/10，500 kVA，10±2×2.5%/0.4 kV，28.9/7 225 A，Dyn11。

CT 变比：50/5 A。

保护类型	装置型号	定值名称	整定值	整定时间	动作
站变	南瑞继保 RCS-9643CS	电流速断	14.5 A	100 ms	跳闸
		过电流	5.8 A	500 ms	跳闸
		过负荷	3.5 A	10 000 ms	报警
		零序过流 I 段	0.1 A	500 ms	跳闸
		温度过高	120℃	—	报警
			130℃	—	跳闸

B.9.7 站变换相保护

站变参数：SCB 10-500/10，500 kVA，10±2×2.5%/0.4 kV，28.9/7 225 A，Dyn11。

CT 变比：50/5 A。

保护类型	装置型号	定值名称	整定值	整定时间	动作
站变	南瑞继保 RCS-9643CS	电流速断	14.5 A	100 ms	跳闸
		过电流	5.8 A	500 ms	跳闸
		过负荷	3.8 A	15 000 ms	报警
		温度过高	120℃	—	报警
			130℃	—	跳闸

B.9.8 主机保护

主机参数：TL 2000-40，2 000 kW，10 kV，136 A。

CT 变比：200/5 A。

保护类型	装置型号	定值名称	整定值	整定时间	动作
主机抽水	南瑞继保 RCS-9643CS	差动速断	10.2 A	0 ms	跳闸
		比率差动	$I_{qd}=1.02A, K_{bl}=0.3$	0 ms	跳闸
		电流速断	23.8 A	50 ms	跳闸
		过电流	6.8 A	500 ms	跳闸
		过负荷	4.1 A	10 000 ms	跳闸
		零序过流	0.1 A	500 ms	跳闸
		低电压	65 V	1＃、3＃：1 000 ms 2＃：2 000 ms	跳闸
		负序过流Ⅰ段	3.1 A	50 ms	跳闸
		负序过流Ⅱ段	1.2 A	800 ms	跳闸
		励磁事故	—	—	跳闸
		励磁故障	—	—	报警
主机发电	南瑞继保 RCS-9643CS	差动速断	10.2 A	0 ms	跳闸
		比率差动	$I_{qd}=1A, K_{bl}=0.3$	0 ms	跳闸
		电流速断	23.8 A	50 ms	跳闸
		过电流	6.8 A	500 ms	跳闸
		过负荷	4.5 A	15 000 ms	跳闸
		零序过流	0.1 A	500 ms	跳闸
		过电压	130V	1＃，3＃：500 ms 2＃：1 000 ms	跳闸
		负序过流Ⅱ段	0.25 A	800 ms	跳闸
		励磁事故	—	—	跳闸
		励磁故障	—	—	报警

B.10 邳州站

B.10.1 主变保护

主变参数：S11-10000/110，10 000 kVA，110±2×2.5%/10.5 kV，52.5/549.8 A，YNd11。

CT 变比：高压侧 300/5 A，中性点 100/5 A，低压侧 800/5 A。

保护类型	装置型号	定值名称	整定值	整定时间	动作
主变差动	南瑞继保 RCS-9671CS	差动速断	9.09 A	0 ms	跳闸
		比率差动	$I_{qd}=0.4I_e, K_{bl}=0.8$	0 ms	跳闸
主变后备	南瑞继保 RCS-9681CS	复压过流Ⅱ段	1.24 A,低电压闭锁 70 V,负序电压闭锁 8 V	500 ms	跳闸
		过负荷	1.03 A	9 000 ms	报警
		间隙零序过流Ⅰ段	5.0 A	0 ms	跳闸
主变非电量	南瑞继保 RCS-9661CS	重瓦斯	—	—	跳闸
		轻瓦斯	—	—	报警
		压力释放	—	—	跳闸
		油位异常	—	—	报警
		油温过高	75℃	—	报警
			85℃	—	跳闸

B.10.2 10 kV 进线保护

CT 变比:800/5 A。

保护类型	装置型号	定值名称	整定值	整定时间	动作
10 kV 进线	南瑞继保 RCS-9611CS	过流Ⅰ段	10.2 A	500 ms	跳闸

B.10.3 站变保护

站变参数:SCB 10-630/10,630 kVA,10±2×2.5%/0.4 kV,36.4/909 A,Dyn11。

CT 变比:100/5 A。

保护类型	装置型号	定值名称	整定值	整定时间	动作
站变	南瑞继保 RCS-9621CS	过流Ⅰ段	35.75 A	0 ms	跳闸
		过流Ⅱ段	5.56 A	500 ms	跳闸
		过负荷	2.14 A	9 000 ms	报警
		低电压	70 V	0 ms	报警
		温度过高	120℃	—	报警
			130℃	—	跳闸

B.10.4 所变保护

所变参数:SCB 10-630/10,630 kVA,10±2×2.5%/0.4 kV,36.4/909 A,Dyn11。

CT 变比:100/5 A。

保护类型	装置型号	定值名称	整定值	整定时间	动作
所变	南瑞继保 RCS-9621CS	过流Ⅰ段	35.75 A	0 ms	跳闸
		过流Ⅱ段	5.56 A	500 ms	跳闸
		过负荷	2.14 A	9 000 ms	报警
		低电压	70 V	0 ms	报警
		温度过高	120℃	—	报警
			130℃	—	跳闸

B.10.5 主机保护

主机参数:TKS 710-87H,1 950 kW,10 kV,130 A。

CT 变比:200/5 A。

保护类型	装置型号	定值名称	整定值	整定时间	动作
主机	南瑞继保 RCS-9643CS	过流Ⅰ段	29.25 A	0 ms	跳闸
		过负荷	4.59 A	15 000 ms	跳闸
		负序过流	1.95 A	500 ms	跳闸
		零序过流	0.15 A	5 000 ms	跳闸
		低电压	70 V	1#,4#:500 ms 2#,3#:1 000 ms	跳闸
		励磁事故	—	—	跳闸
		励磁故障	—	—	报警

B.11 刘山站

B.11.1 主变保护

主变参数:S11-20000/110,20 000 kVA,110±2×2.5%/10.5 kV,105.0/1 100 A,YNd11。

CT 变比:高压侧 150/5 A,中性点 150/5 A,低压侧 1 200/5 A。

保护类型	装置型号	定值名称	整定值	整定时间	动作
主变主保护	AREVA P632	差动速断	$6I_e(I_e=3.499$ A)	0 ms	跳闸
		比率差动	$I_{qd}=0.2I_e$, $K_{b_1}=0.3, K_{b2}=0.7$	0 ms	跳闸

（续表）

保护类型	装置型号	定值名称	整定值	整定时间	动作
主变后备保护	AREVA P143	电流速断	19.5 A	0 ms	跳闸
		过电流	6 A	1500 ms	跳闸
		过负荷	3.7 A	10 000 ms	报警
		零序过流	6.9 A	300 ms	跳闸
		零序过压	18V	500 ms	跳闸
		间隙零序过流Ⅰ段	3.3 A	300 ms	跳闸
		重瓦斯	—	—	跳闸
		轻瓦斯	—	—	报警
		压力释放	—	—	报警
		油位异常	—	—	报警
		油温过高	75℃	—	报警
			85℃	—	跳闸

B.11.2 10 kV 进线保护

CT 变比：1 200/5 A。

保护类型	装置型号	定值名称	整定值	整定时间	动作
10 kV 进线	AREVA P143	电流速断	11 A	0 ms	跳闸
		过电流	9 A	1 000 ms	跳闸
		过负荷	5 A	9 000 ms	报警
		低电压	75 V	9 000 ms	报警

B.11.3 站变保护

站变参数：SC 10-630/10，630 kVA，10±2×2.5%/0.4 kV，36.4/909.3 A，Dyn11。

CT 变比：50/5 A。

保护类型	装置型号	定值名称	整定值	整定时间	动作
站变	AREVA P143	电流速断	42 A	0 ms	跳闸
		过电流	5.8 A	9000 ms	跳闸
		过负荷	4 A	8 000 ms	报警
		零序过流	0.045 A	0 ms	跳闸
		温度过高	120℃	—	报警
			130℃	—	跳闸

B.11.4 所变保护

所变参数：SC 10-500/10，500 kVA，10±2×2.5%/0.4 kV，28.9/771.7 A，Dyn11。

CT 变比:40/5 A。

保护类型	装置型号	定值名称	整定值	整定时间	动作
所变	AREVA P143	电流速断	40 A	0 ms	跳闸
		过电流	8 A	9 000 ms	跳闸
		过负荷	3.8 A	8 000 ms	报警
		低电压	75 V	9 000 ms	跳闸
		零序过流	0.375 A	0 ms	跳闸
		温度过高	120℃	—	报警
			130℃	—	跳闸

B.11.5 主机保护

主机参数:TL 2800-40/3 250,2 800 kW,10 kV,189.1 A。

CT 变比:300/5 A。

保护类型	装置型号	定值名称	整定值	整定时间	动作
主机	AREVA P243	比率差动	$K_1=0.05, K_2=0.6$; $I_{qd_1}=0.65$ A, $I_{qd_2}=5$ A	0 ms	跳闸
		电流速断	23 A	40 ms	跳闸
		过负荷	3.5 A	9 000 ms	跳闸
		零序过流	0.2 A	40 ms	跳闸
		低电压	60 V	500 ms	跳闸
		励磁事故	—	—	跳闸
		励磁故障	—	—	报警

B.12 解台站

B.12.1 主变保护

主变参数:S 10-20000/110,20 000 kVA,110±2×2.5%/10.5 kV,105.0/1 100 A,YNd11。

CT 变比:高压侧 150/5 A,中性点 150/5 A,低压侧 1 200/5 A。

保护类型	装置型号	定值名称	整定值	整定时间	动作
主变主保护	AREVA P632	差动速断	$6I_e$($I_e=3.499$ A)	0 ms	跳闸
		比率差动	$I_{qd}=0.2I_e$, $K_{b_1}=0.3, K_{b_2}=0.7$	0 ms	跳闸

（续表）

保护类型	装置型号	定值名称	整定值	整定时间	动作
主变后备保护	AREVA P143	电流速断	26.5 A	0 ms	跳闸
		过流Ⅲ段	6.0 A	1 500 ms	跳闸
		过负荷	3.7 A	10 000 ms	报警
		间隙零序	3.3 A	0 ms	跳闸
		零序过流	3.1 A	1 200 ms	跳闸
		重瓦斯	—	—	跳闸
		轻瓦斯	—	—	报警
		压力释放	—	—	报警
		油位异常	—	—	报警
		油温过高	75℃	—	报警
			85℃	—	跳闸

B.12.2 10 kV 进线保护

CT 变比：1 200/5 A。

保护类型	装置型号	定值名称	整定值	整定时间	动作
10 kV 进线	AREVA P143	电流速断	15 A	0 ms	跳闸
		过电流	9 A	1 000 ms	跳闸
		过负荷	5 A	9 000 ms	报警
		低电压	75 V	9 000 ms	报警

B.12.3 站变保护

站变参数：SC 10-630/10，630 kVA，10±2×2.5%/0.4 kV，36.4/909.3 A，Dyn11。

CT 变比：50/5 A。

保护类型	装置型号	定值名称	整定值	整定时间	动作
站变	AREVA P143	电流速断	42 A	0 ms	跳闸
		过电流	5.8 A	9 000 ms	跳闸
		过负荷	4 A	8 000 ms	报警
		零序过流	0.045 A	0 ms	跳闸
		温度过高	120℃	—	报警
			130℃	—	跳闸

B.12.4 所变保护

所变参数：SC 10-500/10，500 kVA，10±2×2.5%/0.4 kV，28.9/771.7 A，Dyn11。

CT 变比：40/5 A。

保护类型	装置型号	定值名称	整定值	整定时间	动作
所变	AREVA P143	电流速断	40 A	0 ms	跳闸
		过电流	8 A	9 000 ms	跳闸
		过负荷	3.8 A	8 000 ms	报警
		低电压	75 V	9 000 ms	报警
		零序过流	0.375 A	0 ms	跳闸
		温度过高	120℃	—	报警
			130℃	—	跳闸

B.12.5 主机保护

主机参数：TL 2800-40/3250，2 800 kW，10 kV，189.1 A。

CT 变比：300/5 A。

保护类型	装置型号	定值名称	整定值	整定时间	动作
主机	AREVA P243	比率差动	$K_1=0.05, K_2=0.6, I_{qd}=0.65\ A$	0 ms	跳闸
		电流速断	23 A	0 ms	跳闸
		过负荷	3.5 A	9 000 ms	跳闸
		零序过流	0.2 A	40 ms	跳闸
		低电压	60 V	500 ms	跳闸
		过电压	120 V	500 ms	跳闸
		励磁事故	—	—	跳闸
		励磁故障	—	—	报警

B.13 蔺家坝站

B.13.1 1#主变保护

主变参数：S10-M-6300/35，6 300 kVA，35±2×2.5%/10.5 kV，103.9/346.4 A，Yd11。

CT 变比：高压侧 200/5 A；低压侧 400/5 A。

保护类型	装置型号	定值名称	整定值	整定时间	动作
主变差动	AREVA P632	差动速断	27.7 A	0 ms	跳闸
		比率差动	$K_1=0.5, K_2=0.7$	0 ms	跳闸

（续表）

保护类型	装置型号	定值名称	整定值	整定时间	动作
主变后备	AREVA P142	过流Ⅰ段	10 A	1 200 ms	跳闸
		过负荷	3.85 A	15 000 ms	跳闸
		重瓦斯	—	—	跳闸
		轻瓦斯	—	—	报警
		油位过低	—	—	报警
		油温过高	75℃	—	报警
			85℃	—	跳闸

B.13.2 2＃主变保护

主变参数：S10-M-6300/35，6 300 kVA，35±2×2.5%/10.5 kV，103.9/346.4 A，Yd11。

CT 变比：高压侧 200/5 A；低压侧 400/5 A。

保护类型	装置型号	定值名称	整定值	整定时间	动作
主变差动	AREVA P632	差动速断	27.7 A	0 ms	跳闸
		比率差动	$K_1=0.5$，$K_2=0.7$	0 ms	跳闸
主变后备	AREVA P142	过流Ⅰ段	10 A	1 200 ms	跳闸
		过负荷	3.85 A	15 000 ms	跳闸
		重瓦斯	—	—	跳闸
		轻瓦斯	—	—	报警
		油位过低	—	—	报警
		油温过高	75℃	—	报警
			85℃	—	跳闸

B.13.3 35 kV 母联保护

CT 变比：200/5 A。

保护类型	装置型号	定值名称	整定值	整定时间	动作
35 kV 母联	AREVA P143	过流Ⅰ段	50 A	0 ms	跳闸

B.13.4 1＃站变保护

1＃站变参数：SCB 9-500/35，500 kVA，35±2×2.5%/0.4 kV，8.25/721.69 A，Dyn11。

CT 变比：15/5 A。

保护类型	装置型号	定值名称	整定值	整定时间	动作
1#站变	AREVA P142	过流Ⅰ段	24 A	0 ms	跳闸
		过流Ⅱ段	4 A	1 000 ms	跳闸
		过负荷	3.1 A	13 000 ms	跳闸
		温度过高	75℃	—	报警
			80℃	—	跳闸

B.13.5 2#站变保护

2#站变参数：SCB 9-500/35，500 kVA，35±2×2.5%/0.4 kV，8.25/721.69 A，Dyn11。

CT变比：15/5 A。

保护类型	装置型号	定值名称	整定值	整定时间	动作
2#站变	AREVA P142	过流Ⅰ段	24 A	0 ms	跳闸
		过流Ⅱ段	4 A	1 000 ms	跳闸
		过负荷	3.1 A	13 000 ms	跳闸
		温度过高	75℃	—	报警
			80℃	—	跳闸

B.13.6 35 kV 1#进线保护

CT变比：200/5 A。

保护类型	装置型号	定值名称	整定值	整定时间	动作
1#站变	AREVA P142	过流Ⅰ段	50 A	30 ms	跳闸
		过流Ⅱ段	7.5 A	1 300 ms	跳闸

B.13.7 35 kV 2#进线保护

保护类型	装置型号	定值名称	整定值	整定时间	动作
2#站变	AREVA P142	过流Ⅰ段	50 A	30 ms	跳闸
		过流Ⅱ段	7.5 A	1 300 ms	跳闸

B.13.8 35 kV 1#母线PT保护

保护类型	装置型号	定值名称	整定值	整定时间	动作
35 kV1#母线PT	AREVA P142	低压Ⅰ段	28.9 V	1 500 ms	报警
		低压Ⅱ段	46.3 V	5 000 ms	报警

B.13.9 35 kV 2#母线PT保护

保护类型	装置型号	定值名称	整定值	整定时间	动作
35 kV2#母线PT	AREVA P142	低压Ⅰ段	24 A	1 500 ms	报警
		低压Ⅱ段	4 A	5 000 ms	报警

B. 13. 10　10 kV 1＃进线保护

CT 变比：400/5 A。

保护类型	装置型号	定值名称	整定值	整定时间	动作
10 kV 1＃进线	AREVA P142	过流Ⅰ段	41.25 A	100 ms	跳闸
		过流Ⅱ段	11.6 A	1 000 ms	跳闸

B. 13. 11　10 kV 2＃进线保护

CT 变比：400/5 A。

保护类型	装置型号	定值名称	整定值	整定时间	动作
10 kV 2＃进线	AREVA P142	过流Ⅰ段	41.25 A	100 ms	跳闸
		过流Ⅱ段	11.6 A	1 000 ms	跳闸

B. 13. 12　所变保护

CT 变比：25/5 A。

保护类型	装置型号	定值名称	整定值	整定时间	动作
所变	AREVA P141	过流Ⅰ段	32 A	100 ms	跳闸
		过流Ⅱ段	8.75 A	1 000 ms	跳闸
		过负荷	4.25 A	60 000 ms	跳闸

B. 13. 13　主机保护

主机参数：TKS 630-8，1 250 kW，10 kV，85 A。

CT 变比：150/5 A。

保护类型	装置型号	定值名称	整定值	整定时间	动作
主机	AREVA P241	过流Ⅰ段	24 A	40 ms	跳闸
		低压Ⅰ段	50 V	1 000 ms	跳闸
		低压Ⅱ段	80 V	5 000 ms	跳闸
		热过负荷	5.9 A	62.5 s	跳闸
			11.8 A	14.5 s	跳闸
		励磁事故	—	—	跳闸
		励磁故障	—	—	报警

B. 13. 14　10 kV 母联保护

CT 变比：250/5 A。

保护类型	装置型号	定值名称	整定值	整定时间	动作
35 kV 母联	AREVA P142	过流Ⅰ段	66 A	0 ms	跳闸

B. 13. 15　10 kV 1＃母线 PT 保护

保护类型	装置型号	定值名称	整定值	整定时间	动作
10kV1＃ 母线 PT	AREVA P142	低压Ⅰ段	28.9 V	1 500 ms	报警
		低压Ⅱ段	46.3 V	5 000 ms	报警

B. 13. 16　10 kV 2＃母线 PT 保护

保护类型	装置型号	定值名称	整定值	整定时间	动作
10 kV2＃ 母线 PT	AREVA P142	低压Ⅰ段	28.9 V	1 500 ms	报警
		低压Ⅱ段	46.3V	5 000 ms	报警

附录 C　南水北调江苏新建泵站电气试验工程量

C.1　宝应站

名称	数量	名称	数量	名称	数量
110 kV 主变	1 台	110 kV GIS	1 套	110 kV 零序电流互感器	1 只
110 kV 氧化锌避雷器	1 只	10 kV 氧化锌避雷器	3 只	10 kV 站变	1 台
10 kV 所变	1 台	10 kV 电动机	4 台	10 kV 电压互感器	1 组
10 kV 电流互感器	10 组	10 kV 真空断路器	6 台	10 kV 过电压保护器	11 套
10 kV 母线	2 段	10 kV 电缆	6 根	低压电动机	28 台
安全用具	若干	微机继电保护装置	13 台	电气仪表	若干

C.2　金湖站

名称	数量	名称	数量	名称	数量
110 kV 主变	1 台	110 kV GIS	1 套	110 kV 零序电流互感器	1 只
110 kV 氧化锌避雷器	1 只	10 kV 氧化锌避雷器	8 只	10 kV 站变	1 台
10 kV 所变	1 台	10 kV 电动机	5 台	10 kV 电压互感器	2 组
10 kV 电流互感器	13 组	10 kV 真空断路器	8 台	10 kV 过电压保护器	11 套
10 kV 母线	2 段	10 kV 电缆	9 根	低压电动机	29 台
安全用具	若干	微机继电保护装置	11 台	电气仪表	若干

C.3　淮安四站

名称	数量	名称	数量	名称	数量
6 kV 电动机	4 台	6 kV 站变	1 台	6 kV 真空断路器	6 台
6 kV 电压互感器	1 组	6 kV 电流互感器	10 组	6 kV 氧化锌避雷器	21 只
6 kV 过电压保护器	5 套	6 kV 母线	1 段	6 kV 电缆	5 根
微机继电保护装置	6 台	电气仪表	若干	低压电动机	29 台
安全用具	若干	—	—	—	—

C.4　淮阴三站

名称	数量	名称	数量	名称	数量
110 kV 主变	1 台	110 kV 零序电流互感器	1 只	110 kV 氧化锌避雷器	1 只
10 kV 站变	1 台	10 kV 所变	1 台	10 kV 电压互感器	3 组

（续表）

名称	数量	名称	数量	名称	数量
10 kV 电流互感器	11 组	10 kV 真空断路器	9 台	10 kV 过电压保护器	13 套
10 kV 母线	4 段	10 kV 电缆	12 根	6 kV 电动机	4 台
6 kV 氧化锌避雷器	4 只	低压电动机	21 台	安全用具	若干
微机继电保护装置	12 台	电气仪表	若干	—	—

C.5 洪泽站

名称	数量	名称	数量	名称	数量
110 kV 主变	1 台	110 kV GIS	1 套	110 kV 零序电流互感器	1 只
110 kV 氧化锌避雷器	1 只	10 kV 氧化锌避雷器	26 只	10 kV 站变	1 台
10 kV 所变	1 台	10 kV 电动机	5 台	10 kV 电压互感器	3 组
10 kV 电流互感器	13 组	10 kV 真空断路器	9 台	10 kV 过电压保护器	9 套
10 kV 母线	3 段	10 kV 电缆	10 根	低压电动机	33 台
安全用具	若干	微机继电保护装置	13 台	电气仪表	若干

C.6 泗洪站

名称	数量	名称	数量	名称	数量
110 kV 主变	1 台	110 kV GIS	1 套	110 kV 零序电流互感器	1 只
110 kV 氧化锌避雷器	1 只	10 kV 氧化锌避雷器	3 只	10 kV 船闸变	1 台
10 kV 所变	1 台	10 kV 电缆	29 根	6 kV 氧化锌避雷器	5 只
6 kV 站变	1 台	6 kV 电动机	5 台	6 kV 电压互感器	1 组
6 kV 电流互感器	22 组	6 kV 真空断路器	17 台	6 kV 过电压保护器	18 套
6 kV 母线	2 段	低压电动机	56 台	安全用具	若干
微机继电保护装置	15 台	电气仪表	若干	—	—

C.7 睢宁二站

名称	数量	名称	数量	名称	数量
110 kV 主变	1 台	110 kV GIS	1 套	110 kV 零序电流互感器	1 只
110 kV 氧化锌避雷器	1 只	10 kV 氧化锌避雷器	7 只	10 kV 站变	1 台
10 kV 所变	1 台	10 kV 电动机	4 台	10 kV 电压互感器	2 组
10 kV 电流互感器	11 组	10 kV 真空断路器	7 台	10 kV 过电压保护器	9 套
10 kV 母线	2 段	10 kV 电缆	8 根	低压电动机	17 台
安全用具	若干	微机继电保护装置	9 台	电气仪表	若干

C.8 刘老涧二站

名称	数量	名称	数量	名称	数量
35 kV 主变	1 台	35 kV 电压互感器	1 组	35 kV 电流互感器	4 组
35 kV 真空断路器	3 台	35 kV 电缆	1 根	10 kV 所变	1 台
6 kV 站变	1 台	6 kV 电动机	4 台	6 kV 电压互感器	1 组
6 kV 电流互感器	6 组	6 kV 真空断路器	6 台	6 kV 过电压保护器	12 套
6 kV 母线	1 段	6 kV 电缆	6 根	低压电动机	28 台
安全用具	若干	微机继电保护装置	15 台	电气仪表	若干

C.9 皂河二站

名称	数量	名称	数量	名称	数量
110 kV 主变	1 台	110 kV GIS	1 套	110 kV 零序电流互感器	1 只
110 kV 氧化锌避雷器	1 只	10 kV 站变	1 台	10 kV 电动机	3 台
10 kV 电压互感器	3 组	10 kV 电流互感器	12 组	10 kV 真空断路器	10 台
10 kV 过电压保护器	15 套	10 kV 母线	3 段	10 kV 电缆	6 根
低压电动机	40 台	安全用具	若干	微机继电保护装置	11 台
电气仪表	若干	—	—	—	—

C.10 邳州站

名称	数量	名称	数量	名称	数量
110 kV 主变	1 台	110 kV GIS	1 套	110 kV 零序电流互感器	1 只
110 kV 氧化锌避雷器	1 只	10 kV 氧化锌避雷器	4 只	10 kV 站变	1 台
10 kV 所变	1 台	10 kV 电动机	4 台	10 kV 电压互感器	2 组
10 kV 电流互感器	7 组	10 kV 真空断路器	7 台	10 kV 过电压保护器	9 套
10 kV 母线	2 段	10 kV 电缆	7 根	低压电动机	25 台
安全用具	若干	微机继电保护装置	10 台	电气仪表	若干

C.11 刘山站

名称	数量	名称	数量	名称	数量
110 kV 主变	1 台	110 kV GIS	1 套	110 kV 零序电流互感器	1 只
110 kV 氧化锌避雷器	1 只	10 kV 氧化锌避雷器	8 只	10 kV 站变	1 台
10 kV 所变	1 台	10 kV 电动机	5 台	10 kV 电压互感器	2 组
10 kV 电流互感器	13 组	10 kV 真空断路器	8 台	10 kV 过电压保护器	12 套
10 kV 母线	3 段	10 kV 电缆	8 根	低压电动机	26 台
安全用具	若干	微机继电保护装置	10 台	电气仪表	若干

C.12 解台站

名称	数量	名称	数量	名称	数量
110 kV 主变	1 台	110 kV GIS	1 套	110 kV 零序电流互感器	1 只
110 kV 氧化锌避雷器	1 只	10 kV 氧化锌避雷器	3 只	10 kV 站变	1 台
10 kV 所变	1 台	10 kV 电动机	5 台	10 kV 电压互感器	2 组
10 kV 电流互感器	13 组	10 kV 真空断路器	8 台	10 kV 过电压保护器	15 套
10 kV 母线	3 段	10 kV 电缆	8 根	低压电动机	26 台
安全用具	若干	微机继电保护装置	10 台	电气仪表	若干

C.13 蔺家坝站

名称	数量	名称	数量	名称	数量
35 kV 主变	2 台	35 kV 站变	2 台	35 kV 真空断路器	7 台
35 kV 电压互感器	2 组	35 kV 电流互感器	5 组	35 kV 过电压保护器	7 套
35 kV 电缆	4 根	35 kV 母线	2 段	10 kV 电动机	4 台
10 kV 所变	1 台	10 kV 真空断路器	7 台	10 kV 电压互感器	2 组
10 kV 电流互感器	7 组	10 kV 母线	2 段	10 kV 电缆	7 根
10 kV 过电压保护器	9 套	微机继电保护装置	21 台	低压电动机	10 台
电气仪表	若干	安全用具	若干	—	—

附录 D　泵站主要高压电气设备的预试项目和周期

D. 1　GIS

试验项目	试验周期	备　注
1. SF_6气体湿度	①1 年;②必要时	
2. 主回路绝缘电阻	①2 年;②必要时	
3. 辅助回路和控制回路绝缘电阻	①1 年;②必要时	
4. 分合闸电磁铁的动作电压	①1 年;②大修后;③机构维修后	
5. 导电回路电阻	①2 年;②大修后	
6. SF_6 气体密度监视器(包括整定值)校验	①必要时;②大修后	
7. 放电计数器动作情况	1 年	

D. 2　电力变压器及电抗器

D. 2. 1　110 kV 变压器

试验项目	试验周期	备　注
1. 绕组的直流电阻测量	①1 年;②大修后;③运行时变动分接开关位置后(无载调压变压器)	
2. 绕组的绝缘电阻和吸收比	①1 年;②大修后;③必要时	
3. 绕组的 $\tan\delta$	①1 年;②大修后;③必要时	
4. 套管		
4. 1　主绝缘及电容型套管末屏对地绝缘	①1 年;②大修后;③必要时	
4. 2　主绝缘及电容型套管对地末屏 $\tan\delta$ 与电容量	①1 年;②大修后;③必要时	
4. 3　油中溶解气体色谱试验	①投运前;②大修后;③必要时	
5. 铁芯(有外引接地线的)的绝缘电阻	①1 年;②大修后;③必要时	
6. 绕组的泄漏电流	①1 年;②大修后;③必要时	
7. 测温装置及其二次回路	①1 年;②大修后;③必要时	试验项目:①外观检查;②绝缘检查;③指示正确性检查;④测温电阻值测量
8. 气体继电器及其二次回路试验		
8. 1　气体继电器	①5 年;②大修后;③必要时	

（续表）

试验项目	试验周期	备　　注
8.2　二次回路	①1年；②大修后；③必要时	
9. 变压器油试验		
9.1　油中溶解气体色谱分析	1年	
9.2　外观	1年	
9.3　水溶性酸 pH	1年	
9.4　酸值	1年	
9.5　水分	1年	
9.6　击穿电压	1年	
9.7　tanδ(90℃)	1年	
9.8　闪点	1年	
9.9　体积电阻率	1年	
9.10　界面张力	1年	

D.2.2　35 kV 油浸式变压器

试验项目	试验周期	备　　注
1. 绕组的直流电阻测量	①1年；②大修后；③必要时	
2. 绕组的绝缘电阻和吸收比	①1年；②大修后；③必要时	
3. 绕组的 tanδ	①1年；②大修后；③必要时	
4. 铁芯的绝缘电阻	①1年；②大修后；③必要时	
5. 绕组的泄漏电流	①1年；②大修后；③必要时	
6. 测温装置及其二次回路	①1年；②大修后；③必要时	试验项目：①外观检查；②绝缘检查；③指示正确性检查；④测温电阻值测量
7. 气体继电器及其二次回路试验		
7.1　气体继电器	①5年；②大修后；③必要时	
7.2　二次回路	①1年；②大修后；③必要时	
8. 变压器油试验		
8.1　油中溶解气体色谱分析	1年	
8.2　外观	1年	
8.3　击穿电压	①3年；②必要时	

D.2.3 35 kV 干式变压器

试验项目	试验周期	备　　注
1. 绕组的直流电阻测量	①1 年;②大修后;③必要时	
2. 绕组的绝缘电阻和吸收比	①1 年;②大修后;③必要时	
3. 铁芯绝缘电阻	①1 年;②大修后;③必要时	
4. 测温装置及其二次回路	①1 年;②大修后;③必要时	试验项目:①外观检查;②绝缘检查;③指示正确性检查;④测温电阻值测量

D.2.4 10/6 kV 干式变压器

试验项目	试验周期	备　　注
1. 绕组的直流电阻测量	①1 年;②大修后;③必要时	
2. 绕组的绝缘电阻和吸收比	①1 年;②大修后;③必要时	
3. 铁芯绝缘电阻	①1 年;②大修后;③必要时	
4. 交流耐压试验	①3 年;②必要时	
5. 测温装置及其二次回路	①1 年;②大修后;③必要时	试验项目:①外观检查;②绝缘检查;③指示正确性检查;④测温电阻值测量

D.2.5 10 kV 油浸式变压器

试验项目	试验周期	备　　注
1. 绕组的直流电阻测量	①1 年;②大修后;③必要时	
2. 绝缘电阻	①1 年;②大修后;③必要时	
3. 交流耐压试验	①3 年;②必要时	

D.2.6 6 kV 干式电抗器

试验项目	试验周期	备　　注
1. 绕组的直流电阻测量	①1 年或按制造厂要求	
2. 绕组的绝缘电阻和吸收比	①1 年或按制造厂要求	可随母线及瓷瓶同时进行
3. 交流耐压试验	①3 年或按制造厂要求	可随母线及瓷瓶同时进行

D.3 交流电动机

D.3.1 10/6 kV 交流电机

试验项目	试验周期	备　　注
1. 绕组的直流电阻测量	①1 年；②大修后；③必要时	
2. 绕组的绝缘电阻和吸收比	①1 年；②大修后；③必要时	
3. 定子绕组的泄漏电流和直流耐压试验	①3 年；②更换绕组后；③大修时	试验电压为 2.5U_n
4. 定子绕组的交流耐压试验	①大修后；②更换绕组后	试验电压为 1.5U_n
5. 转子绕组的交流耐压试验	①3 年；②大修后；③更换绕组后	用 2 500 V 的兆欧表测绝缘电阻代替

D.3.2　0.4 kV 交流电机

试验项目	试验周期	备　　注
1. 绝缘电阻	①1 年；②必要时	

D.4　电流互感器

D.4.1　110 kV 主变中性点电流互感器

试验项目	试验周期	备　　注
1. 绕组的绝缘电阻	①1 年；②大修后；③必要时	
2. 交流耐压试验	①3 年；②必要时	

D.4.2　35 kV 电流互感器

试验项目	试验周期	备　　注
1. 绕组的绝缘电阻	①1 年；②大修后；③必要时	
2. 局部放电电压	①大修后；②必要时	

D.4.3　10/6 kV 电流互感器

试验项目	试验周期	备　　注
1. 绕组的绝缘电阻	①1 年；②大修后；③必要时	
2. 交流耐压试验	①3 年；②必要时	

D.5　电压互感器

D.5.1　35 kV 电压互感器

试验项目	试验周期	备　　注
1. 绕组的绝缘电阻	①1 年；②大修后；③必要时	
2. 局部放电电压	①大修后；②必要时	

D.5.2 10/6 kV 电压互感器

试验项目	试验周期	备　注
1. 绕组的绝缘电阻	①1 年;②大修后;③必要时	
2. 交流耐压试验	①3 年;②必要时	

D.6 断路器及隔离开关

D.6.1 35/10/6 kV 真空断路器

试验项目	试验周期	备　注
1. 绝缘电阻	①1 年;②大修后	
2. 导电回路电阻	①1 年;②大修后	
3. 交流耐压	①1 年;②大修后	
4. 辅助回路和控制回路交流耐压试验	①1 年;②大修后	
5. 断路器的分、合闸时间,分、合闸的同期性,合闸弹跳	①2 年;②大修后;③必要时	
6. 分、合闸电磁铁的最低动作电压	①2 年;②大修后;③必要时	

D.6.2 0.4 kV 框架式空气断路器

试验项目	试验周期	备　注
1. 导电回路电阻	①1 年;②大修后	
2. 分、合闸电磁铁线圈的绝缘电阻	①1 年;②大修后	
3. 分、合闸电磁铁线圈的直流电阻	①1 年;②大修后	现场无法测量此项可不做
4. 辅助回路和控制回路交流耐压试验	①1 年;②大修后	
5. 分、合闸电磁铁的最低动作电压	①大修后;②必要时	
6. 脱扣器动作特性	①2 年;②大修后;③必要时	新增

D.6.3 10 kV 隔离开关

试验项目	试验周期	备注
1. 绝缘子及提升杆的绝缘电阻	①1 年;②大修后	
2. 二次回路的绝缘电阻	①1 年;②大修后;③必要时	
3. 交流耐压试验	①大修后	
4. 二次回路交流耐压试验	①大修后;②必要时	
5. 电动操作机构线圈最低动作电压	①大修后;②必要时	
6. 导电回路电阻测量	①大修后;②必要时	

D.7 35/10/6 kV 电力电缆

试验项目	试验周期	备　　注
1. 电缆主绝缘绝缘电阻	①1 年	
2. 电缆外护套绝缘电阻	①大修后；②必要时	
3. 电缆内衬层绝缘电阻	①大修后；②必要时	
4. 铜屏蔽层电阻和导体电阻比	①重新制作终端或接头后；②内衬破损进水后	
5. 电缆主绝缘交流耐压试验	①重新制作终端或接头后；②必要时	

D.8 35/10/6 kV 母线

试验项目	试验周期	备　　注
1. 绝缘电阻	①1 年；②大修时	
2. 交流耐压试验	①1 年；②大修时	

D.9 6 kV 电容器

试验项目	试验周期	备　　注
1. 极对壳绝缘电阻	1 年	
2. 电容值	1 年	
3. 渗漏油检查	半年	

D.10 氧化锌避雷器

D.10.1 110 kV 主变中性点氧化锌避雷器

试验项目	试验周期	备　　注
1. 绝缘电阻	①1 年；②必要时	
2. 直流 1 mA 电压（$U_{1\,mA}$）及 0.75 $U_{1\,mA}$ 下的泄漏电流	①1 年；②必要时	
3. 底座绝缘电阻	①1 年；②必要时	
4. 放电计数器动作情况	①1 年；②必要时	

D.10.2 10/6 kV 氧化锌避雷器

试验项目	试验周期	备　　注
1. 绝缘电阻	①1 年；②必要时	
2. 直流 1 mA 电压（$U_{1\,mA}$）及 0.75 $U_{1\,mA}$ 下的泄漏电流	①1 年；②必要时	

D. 11 过电压保护器

试验项目	试验周期	备　　注
1. 绝缘电阻	1 年	
2. 工频放电电压	1 年	根据厂家规定，以下型号过电压保护器进行该项目：TBP-A-12.7F/85，TBP-B-12.7F/85，JPB HY5CZ1-12.7/41×29，TBP-B-12.7F/131，TBP-B-12.7-F/85，TBP-B-F-12.5 kV，TBP-B/F-6-135，TBP-B-12.7/131，TBP-A-12.7/131，TBP-B-7.6/B1，TBP-B-7.6/131，TBP-A-7.6/131，BSTG-B-17/600，ST-TBP-B-127，TBP-B-12.7/131，ST-TBP-A-10.5，TBP-B-42/200-F-IM，HGB-35Z-IM，TBP-B-12.7F/131，HGB-10D-IM，TBP-B-12.7/85-IM，QBDB-B-12.7/131，ENR-TBP-A-12.7-85F，JPB-HY5CD2-7.6/17
3. 直流电导电流	1 年	根据厂家规定，以下型号过电压保护器进行该项目：HY5CZ1-12.7/41×29/1N，HY5C21-12.7/41×29/1N，HY5CD2-12.7/29/1N，HY5CD2-7.6/17/1N，HY5CZD1-7.6/24×19/1N，ST-TBP-A-0.5，ST-TBP-B-12.7，TBP-B-12.7/131
4. 直流 1 mA 电压（$U_{1\,mA}$）及 0.75 $U_{1\,mA}$ 下的泄漏电流	1 年	根据厂家规定，以下型号过电压保护器进行该项目：HY2.5W-8/19，TBP-0-7.6F1，TBP-4.6F，TBP-0-4.6F，BSTG-B-8.0

D. 12 高压开关柜

试验项目	试验周期	备　　注
1. 绝缘电阻	①1 年（12 kV 及以上）；②大修后	在交流耐压试验前后分别进行
2. 交流耐压试验	①1 年（12 kV 及以上）；②大修后	可随母线进行
3. 检查带电显示装置	①1 年；②大修后	
4. 五防功能检查	①1 年；②大修后	
5. 断路器、隔离开关及隔离插头的导电回路电阻	大修后	

D. 13 接地电阻

试验项目	试验周期	备　　注
1. 设备接地电阻	1 年	GIS、主变、高低压柜、主电机、站变、所变、励磁及 PLC 盘柜、柴油发电机及清污机等
2. 线路杆塔接地电阻	1 年	
3. 主泵房避雷网的接地电阻	1 年	

D.14 安全用具

试验项目	试验周期	备　　注
1. 绝缘杆	1年	
2. 绝缘夹钳	1年	
3. 验电器	1年	
4. 接地线	1年	
5. 绝缘手套	半年	
6. 绝缘靴	半年	
7. 绝缘垫	1年	

D.15 微机继电保护装置

试验项目	试验周期	备　　注
1. 绝缘检查	①1年;②必要时	
2. 采样值精度检查	①1年;②必要时	
3. 装置整定值电气参数校核检验	①1年;②必要时	
4. 与上位机通信检查	①1年;②必要时	
5. 装置整组(传动)联调试验	①1年;②必要时	
6. 用1次电流及工作电压检查	①1年;②必要时	

D.16 电气仪表

D.16.1 指针式电气仪表

试验项目	试验周期	备　　注
1. 外观检查	①1年;②必要时	
2. 可传动部分倾斜影响的检查	①1年;②必要时	
3. 基本误差的测试	①1年;②必要时	
4. 指示器不回零的测定	①1年;②必要时	

D.16.2 智能仪表

试验项目	试验周期	备　　注
1. 外观检查	①1年;②必要时	
2. 基本误差的测试	①1年;②必要时	
3. 指示器不回零的测定	①1年;②必要时	

D.17 液压油

试验项目	试验周期	备　　注
1. 外观	1 年	
2. 开口闪点	1 年	
3. 运动黏度	1 年	
4. 倾点	1 年	
5. 水分	1 年	
6. 泡沫性	1 年	
7. 抗乳化性	1 年	
8. 机械杂质	1 年	

D.18 润滑油

试验项目	试验周期	备　　注
1. 外观	1 年	
2. 开口闪点	1 年	
3. 运动黏度	1 年	
4. 水分	1 年	
5. 泡沫性	1 年	
6. 抗乳化性	1 年	
7. 机械杂质	1 年	

附录E　电气试验基本项目的试验原理

E.1　绝缘电阻和吸收比试验

E.1.1　试验原理

绝缘电阻是电气设备绝缘层在直流电压作用下呈现的电阻值，电气设备中的绝缘介质是不导电的，但并非绝对不导电。直流电压加到电力设备的绝缘介质时，会随时间逐渐减小，最后有一个趋于稳定的极微小的电流通过。这个电流可视为由电容充电电流、吸收电流和泄漏电流三部分构成，等效电路如图E.1所示。

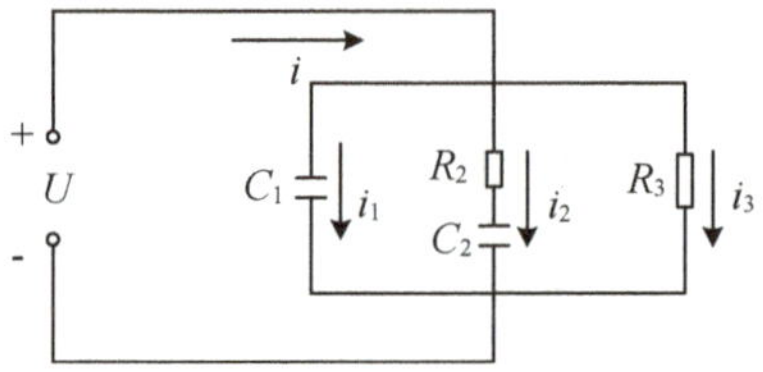

图E.1　绝缘电阻测量原理

通过测量绝缘电阻值的大小能灵敏地反应绝缘状况，有效地发现设备有无局部或整体受潮和脏污，以及过热老化甚至击穿短路等情况。

在直流电压作用下绝缘介质中流过的电流随着加压时间的延长而逐渐衰减，充电电容电流和吸收电流都衰减趋近零，因此测得的绝缘电阻是随加压时间的延长而逐渐上升的。为了统一起见，一般规定读取施加电压后60 s时的读数为绝缘电阻值，吸收比就是指60 s时绝缘电阻值与15 s时的绝缘电阻值之比值，即$K=R_{60\,s}/R_{15\,s}$。

E.1.2　试验方法

利用绝缘电阻表进行测量，L端为负极电压输出，E为接地端，G为屏蔽端。在进行绝缘电阻测试时，一般只要把被测绝缘电阻接在L端和E端，但是当被试品的外露绝缘脏污或者潮湿时，通过屏蔽端子G，可以排除表面杂散电流影响。

E.1.3　注意事项及处理方法

（1）外绝缘表面泄漏的影响

一般应在相对湿度不高于80%条件下进行试验，因为在相对湿度大于80%的潮湿天气，电气设备引出线瓷套表面会凝结一层极薄的水膜，造成表面泄漏通道，使绝缘电阻明显降低。此时，应在引出线瓷套上装设屏蔽环，接在靠近绝缘电阻表面高压端所接的瓷套端子上。

（2）残余电荷的影响

在进行绝缘电阻测试时，当第一次试验后需要进行第二次复测时，若被试品在上一次试验后，放电时间不充分，绝缘内积聚的电荷没有放电干净，则可能影响第二次复测时的测量结果。所以，在进行复测或者分相试验时，应该充分放电，否则会发生电荷未放净造成测得绝缘电阻值偏低的现象。

（3）温度的影响

绝缘电阻随着温度升高而降低，所以测量绝缘电阻时被试品温度宜在10℃到40℃之间。

E.2 直流泄漏电流测量和直流耐压试验

E.2.1 试验原理

通过测量流过被试品的泄漏电流检验被试品的绝缘情况，或通过施加规程规定的直流试验电压和耐压时间来考核被试品的耐电程度。前者称为直流泄漏电流，后者称为直流耐压试验。

直流泄漏电流测量与绝缘电阻测量的原理基本相同，都是对被试品施加直流电压，其等效电路与绝缘电阻测试相同。在绝缘电阻试验中，绝缘电阻指示的读数是绝缘电阻阻值，实际上所反映的也是在直流电压作用下流过被试品的泄漏电流的大小。绝缘电阻高，说明泄漏电流小，绝缘性能好；反之亦然。所不同的是，直流泄漏电流测量和直流耐压试验利用直流高压装置可以调节所需要的电压，并利用微安表精确测量泄漏电流的大小，从而有利于对被试品的绝缘状况做出更为正确的判断。

E.2.2 试验方法

利用直流升压装置产生一个可以调节的试验直流高压，施加在被试电气设备的主绝缘上。直流泄漏电流测试时对被试品所施加的直流电压是根据规程规定的试验电压确定的。试验接线如图E.2所示。

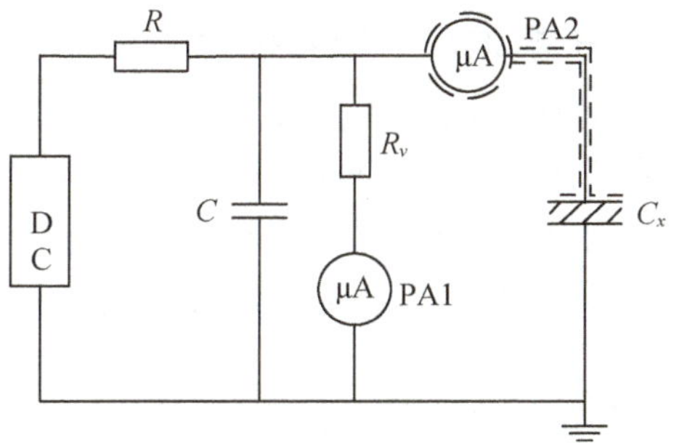

图E.2 直流泄漏电流测量和直流耐压试验接线示意图

E.2.3 注意事项及处理方法

（1）高压连接导线影响

高压连接导线和被试设备试验时，带有较高的电压，周围的空气有可能发生游离，从而产生对地的泄漏电流，这种对地的泄漏电流将直接影响测量的准确性。可采取增加对地距离、采用带屏蔽的连接导线等措施，减小对地泄漏电流对测量结果的影响。

（2）湿度影响

当空气湿度大时，表面泄漏电流增加，会影响测量结果。测试前可对被试设备表面进行擦拭或用电吹风吹，测试时使用屏蔽电极接线。

（3）残余电荷的影响

若被试品放电时间不充分，绝缘内积聚的电荷没有放电干净，则可能影响测量结果准确性，所以，试验前后，应该充分放电，否则会发生电荷未放净造成测得泄漏电流偏高的现象。

E.3 介质损耗角正切值的测量

E.3.1 试验原理

绝缘介质在交流电压作用下的电流可以看作是由电容电流和电阻电流构成的等值并联电流。其中电容性电流的大小与被试品的电容量大小有关，而电阻性电流的大小与绝缘介质在交流电压作用下的介质损耗有关，通过电阻性电流 I_R 与电容性电流 I_C 的比值可以判断绝缘介质在交流电压作用下的损耗情况。这一比值称为介质损耗角正切值，记作 $\tan\delta$。

把电气设备的主绝缘看作由一个电阻 R 和一个理想电容 C_x 并联而成，其等效电路如图 E.3(a) 所示，纯电容 C_x 电路流过的电流 I_c 超前电压 U 90°；纯电阻 R 电路流过电流 I_R 与电压 U 同相位，它代表绝缘介质在交流电压作用下存在电导电流和吸收电流引起的有功损耗。由图 E.3(b) 可见，有功损耗越大，电流 I_R 也越大，角度 δ 也越大。因此可用角度 δ 的大小来表征交流电压作用下绝缘介质内部有功损耗的严重程度，称 δ 为介质损耗角。

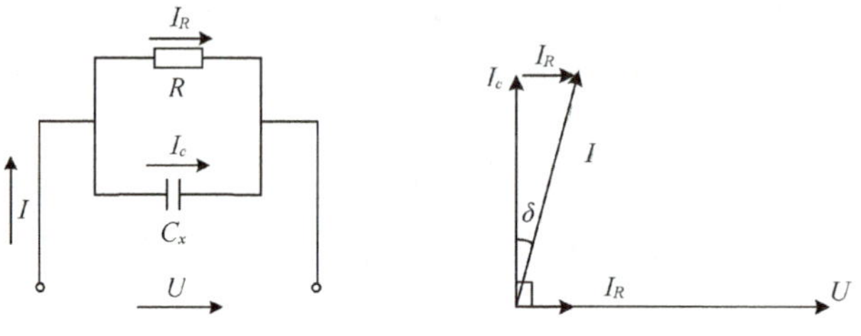

(a) 等效电路图　　(b) 相量图

图 E.3　在交流电压作用下绝缘介质损耗角 δ 分析图

在绝缘试验时，通过测量介质损耗角的正切值来反映介质损耗的大小，当试验电压及电源频率一定、被试品的电容值也一定时，介质损耗 P 与 $\tan\delta$ 成正比，当被试设备的绝缘由于受潮、含有气隙或因老化而劣化时，有功损耗电流增加，介质损耗角正切值也增加，因此可用测量介质损耗角正切值来判断绝缘是否受潮劣化，或存在其他缺陷。

E.3.2 试验方法

利用智能型介质损耗角正切值测试仪进行测量，其内置了所需的各种设备，包括升压变压器、标准电容等。常用的接线方式有正接线和反接线，试验接线如图 E.4 所示。

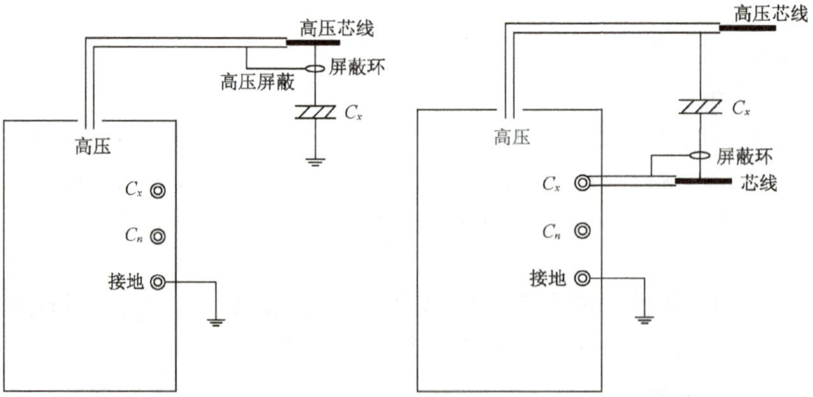

(a) 反接线　　(b) 正接线

图 E.4　介质损耗角正切值测量接线示意图

E.3.3 注意事项及处理方法

（1）温度和湿度的影响

电气设备 $\tan\delta$ 试验对测试数据要求十分严格，如果受温度、湿度和其他外界因素的影响，很可能使得测得的数据偏大，本来合格的设备有可能误判为不合格。因此，电气设备的 $\tan\delta$ 试验应在天气良好、试品及环境温度不低于+5℃的条件下进行。

（2）试品表面泄漏的影响及消除方法

试品表面脏污、潮湿引起的表面泄漏，对 $\tan\delta$ 试验的测试数据有很大影响，特别是当被试设备本身的体积电容很小时，表面泄漏电流对测试结果的影响更大。可利用屏蔽环将表面的泄漏电流直接回流到试验电源，避免表面泄漏电流进入仪器测量系统而引起误差。

E.4 工频交流耐压试验

E.4.1 试验原理

工频交流耐压试验就是利用工频电源和升压设备产生工频高压对被试品进行耐压试验，并保持一定时间，以考虑被试品绝缘承受各种电压的能力，从而保证设备的安全运行。工频耐压试验也称作外施加电压耐压试验，在试验时利用外部升压设备产生高压试验电压对被试设备进行耐压试验。

绝缘电阻和吸收比试验、直流泄漏电流以及介质损耗角测量试验等虽然能发现很多绝缘缺陷，但因其试验电压低于被试品的工作电压，往往对一些绝缘缺陷还不能及时发现，且直流耐压试验对绝缘的考验不如交流接近实际。为了进一步暴露设备缺陷，检查电气设备绝缘水平，确保其是否能投入运行，有必要进行交流耐压试验。它是鉴定电气设备绝缘强度最有效最直接的方法，它对于判断电器设备能否投入运行具有决定性的意义。

工频交流耐压试验的电压、波形、频率和在被试品绝缘内部电压的分布均符合实际运行情况，其等效电路与图 E.3(a) 相同，因此，工频交流耐压能有效地发现电气设备存在的较危险的集中性缺陷。试验电压越高，发现绝缘缺陷的有效性越高，但被试品被击穿的可能性也越大。对于绝缘良好的试品，交流耐压会使绝缘强度逐渐减弱，形成绝缘内部劣质的积累效应。绝缘击穿电压值不但与所加电压有关，而且还与加压的持续时间有关，其击穿电压随加压时间的增加而逐渐下降。因此，必须正确选择试验电压的标准和耐压时间。

E.4.2 试验方法

工频交流耐压试验使用成套试验设备对被试品进行加压，试验接线图如图 E-5 所示，试验变压器用来获得高压试验电压，试验时必须测量在耐压试验时流过被试品的电流，因此在升压试验变压器高压线圈接地端串入一个毫安表。另外还接入保护球隙、高压测量用电容分压器、限流电阻等。

E.4.3 注意事项及处理方法

（1）任何被试品在交流耐压试验前，应先进行其他绝缘试验，合格后再进行耐压试验；

（2）有绕组的被试品进行耐压试验时，应将被绕组自身的两个端子短接，非被试绕组也应短接并与外壳接地；

（3）在升压和耐压过程中，如发现电压表指针摆动很大，电流表指示急剧增加，被试品出现冒烟、出气、焦臭、闪络等现象时，应立即停止升压，降压后停电查明原因；

（4）被试品为有机材料时，试验后应立即触摸表面，如出现普遍或者局部发热，则认为

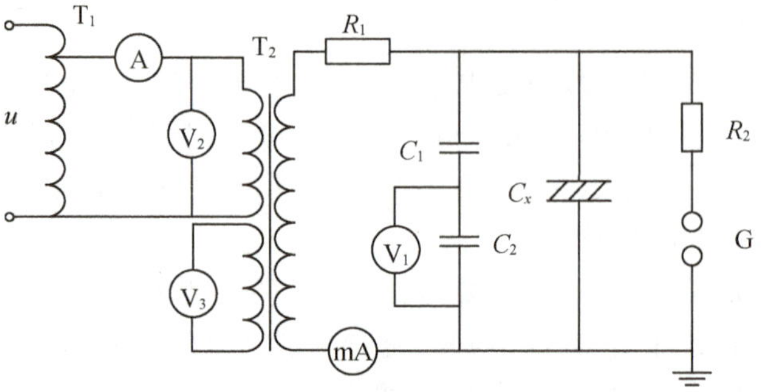

图 E.5　工频交流耐压试验接线示意图

不合格；

(5) 耐压试验后测量绝缘电阻，与耐压试验前比较应无明显变化。

E.5　直流电阻测量

E.5.1　测量原理

有些电气设备具有线圈等导电回路，这些线圈的导线都包有绝缘，在制造过程中可能存在质量问题，也可能在运行一段时间后，由于过负荷等原因，局部过热，导致设备事故。测量这些设备导电回路的直流电阻，就是为了及时发现线圈等导电回路的隐患，防止不合格设备投入使用。

另外，若断路器等开关设备的触头闭合不严，或者引出线接触不良，在长期通过大电流时将由于接触电阻过大而局部过热，最终导致事故发生。因此要对此类设备导电回路的直流电阻进行的测量。

直流电阻的测量基本原理是在被测回路上施加某一直流电压，根据电路两端电压和电路中的电流的数量关系，测出回路电阻。根据阻值大小判断电路连接和接触是否完好。

E.5.2　测量方法

采用直流压降法，在被测电流中通以直流电流，测量两端压降，根据欧姆定律计算出被测电阻。直流电流一般使用直流电阻测试仪测量，根据恒流源大小一般有 0.1 A、1 A、2 A、5 A 和 10 A。回路电阻使用回路电阻测试仪测量，直流输出有 50 A 和 100 A。直流压降法测量直流电阻原理接线如图 E.6 所示。

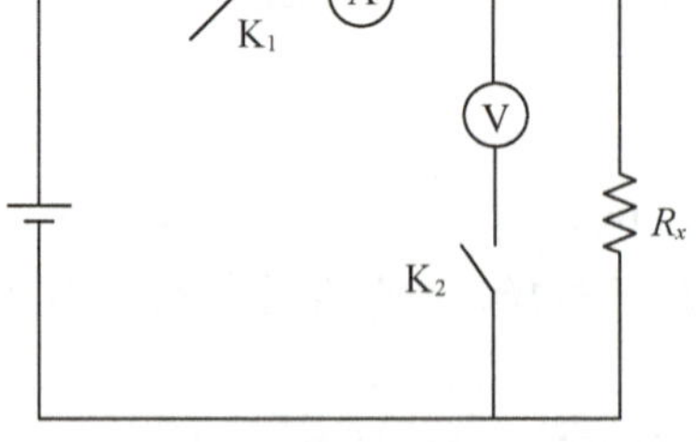

图 E.6　直流电阻及回路电阻测量原理图

E.5.3 注意事项及处理方法

(1) 连接导线应有足够的截面，且接触必须良好；

(2) 测量仪表的准确度应不低于 0.5 级；

(3) 直流电阻测量时输出电流不易过大，防止绕组过热产生测量误差，一般测试电流为 2%到 10%的额定电流。

E.6 接地电阻

E.6.1 试验原理

接地体的对地电阻和接地线电阻的总和，称为接地装置的接地电阻。接地电阻表示电流通过接地装置流入大地所受到的阻碍作用。电流通过接地装置流入大地后是四散流开的，形成一个半球形，离接地体越远，电流越分散，电流流通路径的截面积越大，单位距离的电阻越小。因此接地电阻数值主要由接地体附近约 20m 半径范围内的电阻决定。测量原理就是依据欧姆定律采用电压电流表法测量，电流辅助电极与被测接地装置之间应有足够的距离，如果被测接地装置是单个接地体，这个距离一般取 40 m，而电压辅助电极与被测接地装置间的距离一般取 20 m。

E.6.2 试验方法

采用接地电阻测试仪进行测量，其接线图如图 E.7 所示，E 为被测接地体引出线，P、C 都是试验时临时打入地中的金属棒，其中 C 构成电流回路，称为电流辅助电极；P 用来测量被测接地体周围的电位差，称为电压辅助电极。

E.6.3 注意事项及处理方法

(1) 测量应选择晴天、土壤水分较少的季节进行；

(2) 测量变电所接地网的接地电阻时，应在变电所停电时测量，否则可能会因地中的电流干扰而使测量结果不准确；

(3) 辅助电极无法按照直线布置，可采用三角形布置；

(4) 测量接地电阻时，尽量避免人员走动。

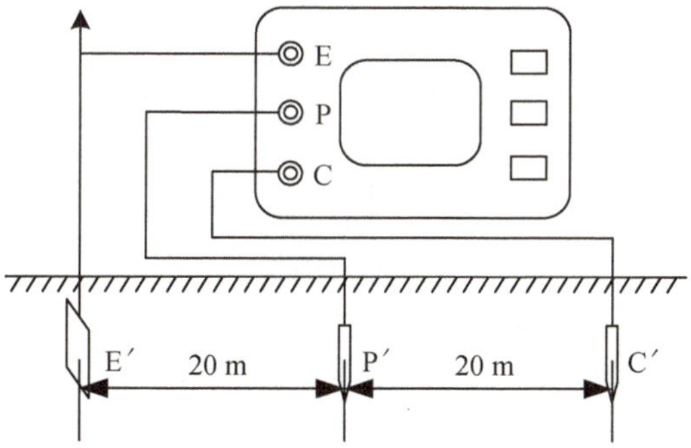

图 E-7 接地电阻测量示意图

附录 F　电气试验报告格式

F.1　110 kV GIS 试验报告

工程名称______站　试验性质　预试　天气___　温度___℃　湿度___%	___年___月___日

一、铭牌数据

型　　号	—	断路器编号	—	额定电压	—
额定电流	—	额定频率	—	生产日期	—
制造厂	—				

二、导电回路电阻(Ω)(标准:≤1.1 倍出厂值)　试验周期 __2__ 年　下次试验 2022 年

测量位置	R_A	R_B	R_C
测量数据	—	—	—
测量部位	GIS 进线套管至 GIS 出线套管		

三、主回路绝缘电阻(MΩ)(标准:绝缘电阻无异常变化)

测量部位	A 对 B+C+地	B 对 A+C+地	C 对 A+B+地
绝缘电阻	—	—	—

四、断路器分合闸最低动作电压(V)[标准:(30%~65%)U_N]

线圈名称	额定电压(V)	最低动作电压(V)	占额定电压(%)
合闸线圈	220	—	—
分闸线圈	220	—	—

五、SF_6 气体湿度(标准:断路器灭弧室≤300μL/L,其他气室≤500μL/L)

测量部位	进线套管气室	出线套管气室	母线分支气室	避雷器气室	断路器气室	PT 气室
湿度(μL/L)	—	—	—	—	—	—

六、雷击计数器(标准:动作 3~5 次正常)

相　　别	A	B	C
试验前次数	—	—	—
试验后次数	—	—	—

七、试验仪器

FLUKE 1550C 绝缘电阻测试仪 No. 3593019,HDKC-800 开关动作特性测试仪 No. HN713011，ZGS-J2 雷击计数器校验仪 No. J1401003,GDWS-Ⅱ SF_6 微水测量仪 No. 1312003797,JYL 回路电阻测试仪 No. 05130895

八、试验依据

电力设备预防性试验规程 DL/T 596—2021、南水北调泵站工程管理规程(试行)NSBD 16—2012

九、试验结论:(1)所试项目合格;(2)试验项目三、四、五数据与往年比较无异常变化。

F.2 110 kV 主变试验报告

工程名称________站 试验性质 预试 天气____ 温度____℃ 湿度____%	____年____月____日

一、铭牌数据

型号	—	容量	—	接线组别	—
额定电压	—	额定电流	—	阻抗电压	—
出厂编号	—	制造厂	—	出厂日期	—

二、绕组直流电阻(Ω)(标准:相间误差≤2%,线间误差≤1%) 运行挡:一挡

高压侧	R_{AO} ____	R_{BO} ____	R_{CO} ____	误差____%
低压侧	R_{ab} ____	R_{bc} ____	R_{ca} ____	误差____%

三、绝缘电阻和吸收比(MΩ)(标准:绝缘电阻换算至20℃时与前一年试验结果无异常变化,$R_{60}/R_{15} \geqslant 1.3$)

测量部位	R_{15}		R_{60}		R_{60}/R_{15}
高对低+地	—		—		—
低对高+地	—		—		—
高压套管	A—	B—		C—	O—
铁芯对地	—		夹件对地		—

四、介质损耗角正切值和电容量(绕组:20℃时,tanδ≤0.8%;套管 tanδ 无明显变化,电容值无明显变化)

设备温度____℃

测量位置		tanδ(24℃)%	tanδ(20℃)%	C_x(pF)	试验电压(kV)	接线方法
高对低+地		—	—	—	10	反接法
低对高+地		—	—	—	10	反接法
高压套管	A	—	—	—	10	正接法
	B	—	—	—	10	正接法
	C	—	—	—	10	正接法
	O	—	—	—	10	正接法

五、绕组直流泄漏电流(标准:无异常变化)

试验位置	试验电压	泄漏电流(μA)	
		I_{15}	I_{60}
高对低+地	40 kV	—	—
低对高+地	10 kV	—	—

六、测温装置及其二次回路

试验项目	试验结果	标准
外观及密封性检查	——	——
指示正确性检查	——	——
二次回路绝缘电阻(MΩ)	——	二次回路绝缘电阻≥1MΩ
测温电阻值测量(Ω)	——	测温电阻值与出厂值相符

七、试验仪器

JYR(10C)直流电阻测试仪 No. 01135654,FLUKE 1550C 绝缘电阻测试仪 No. 3593019,AI-6000D 自动抗干扰介损仪 No. C4140,ZGS-200/2F 直流高压发生器 No. 2021408F

八、试验依据

电力设备预防性试验规程 DL/T 596—2021、南水北调泵站工程管理规程(试行)NSBD 16—2012

九、试验结论:(1)所试项目合格;(2)试验项目二至六数据与往年比较无异常变化。

F.3 10 kV 站变试验报告

工程名称________站　试验性质　预试　天气____　温度____℃　湿度____%	____年____月____日

一、铭牌数据

型　　号	—	容　　量	—	接线组别	—
额定电压	—	额定电流	—	绝缘等级	—
出厂编号	—	出厂日期	—	制造厂	—

二、绕组直流电阻(Ω)(标准:相间误差≤4%,线间误差≤2%)　　运行挡:一挡

高压侧	R_{AB} ____	R_{BC} ____	R_{AC} ____	误差____%
低压侧	R_{ao} ____	R_{bo} ____	R_{co} ____	误差____%

三、绝缘电阻和吸收比(MΩ)(绝缘电阻无异常变化且 K≥1.3)

测量部位	耐压前				耐压后		
	R_{15}	R_{60}	R_{60}/R_{15}	R_{60}(20℃)	R_{15}	R_{60}	R_{60}/R_{15}
高对低+地	—	—	—	—	—	—	—
低对高+地	—	—	—	—	—	—	—
铁芯对地	—						

四、工频交流耐压　　试验周期 3 年　　下次试验____年

加压部位	试验电压(kV)	试验时间(min)
高对低+地	24	—
低对高+地	2.5	—

五、测温装置及其二次回路

试验项目	试验结果	标准
外观及密封性检查	—	—
指示正确性检查	—	—
二次回路绝缘电阻(MΩ)	—	二次回路绝缘电阻≥1MΩ
测温电阻值测量(Ω)	—	测温电阻值与出厂值相符

六、试验仪器

JYR(10C)直流电阻测试仪 No. 01135654,FLUKE 1550C 绝缘电阻测试仪 No. 3593019,GDYD-55M 工频交流耐压试验装置 No. G012014528

七、试验依据

电力设备预防性试验规程 DL/T 596—2021、南水北调泵站工程管理规程(试行)NSBD16—2012

八、试验结论:(1)所试项目合格;(2)试验项目二、三、五数据与往年比较无异常变化。

F.4　10 kV 电动机试验报告

工程名称________站　试验性质　预试　天气____　温度____℃　湿度____%	____年____月____日

一、铭牌数据

型　　号	—	额定电压	—	额定功率	—
额定电流	—	绝缘等级	—	额定转速	—
功率因数	—	编　　号	—	出厂日期	—
接线方式	—	生产厂家	—		

二、绕组直流电阻(Ω)(标准:相间误差≤2%)

测量位置	定子绕组				转子绕组
	R_A	R_B	R_C	误差	
直流电阻	—	—	—	____%	—

三、绝缘电阻和吸收比(MΩ)(标准:绝缘电阻常温下 10 MΩ,交流耐压前换算至运行温度≥10 MΩ,$R_{60}/R_{15} \geq 1.3$,转子线圈对地绝缘电阻≥0.5 MΩ)

测量部位	耐压前			耐压后		
	R_{15}	R_{60}	R_{60}/R_{15}	R_{15}	R_{60}	R_{60}/R_{15}
A 对 B+C+地	—	—	—	—	—	—
B 对 A+C+地	—	—	—	—	—	—
C 对 B+A+地	—	—	—	—	—	—
转子线圈对地	—			—		
备注						

四、定子绕组直流耐压试验和泄漏电流(μA)(标准:各相泄漏电液的差别不应大于最小值的 100%;最大泄漏电流在 20 μA 以下者,不作规定)

试验周期 <u>大修后</u>

试验位置	6.25 kV		12.5 kV		18.75 kV		25.00 kV	
	I_{15}	I_{60}	I_{15}	I_{60}	I_{15}	I_{60}	I_{15}	I_{60}
A 对 B+C+地	—	—	—	—	—	—	—	—
B 对 A+C+地	—	—	—	—	—	—	—	—
C 对 A+B+地	—	—	—	—	—	—	—	—

五、工频交流耐压

试验周期 <u>大修后</u>

测量部位	试验电压(kV)	试验时间(min)
A 对 B+C+地	—	—
B 对 A+C+地	—	—
C 对 B+A+地	—	—
转子线圈对地(kV)	—	—

六、试验仪器

JYR(10C)直流电阻测试仪 No. 01135654,FLUKE 1550C 绝缘电阻测试仪 No. 3593019

七、试验依据

电力设备预防性试验规程 DL/T 596—2021、南水北调泵站工程管理规程(试行)NSBD16—2012

八、试验结论:(1)所试项目合格;(2)试验项目二、三数据与往年比较无异常变化。

F.5 10 kV电压互感器试验报告

工程名称________站 试验性质 预试 天气____ 温度____℃ 湿度____%	____年____月____日

一、铭牌数据

型 号	—	额定电压比	—
准确级	—	额定输出	—
出厂编号	—	—	—
出厂日期	—	制 造 厂	—

二、绝缘电阻(MΩ)(标准:绝缘电阻无异常变化)

测量部位	耐压前			耐压后		
	A	B	C	A	B	C
一次绕组对二次绕组+地	—	—	—	—	—	—
二次绕组对一次绕组+地	—	—	—	—	—	—

三、三倍频感应耐压 试验周期 3 年 下次试验____年

试验部位	试验电压	试验时间(s)
一次绕组感应电压(kV)	30	—
二次绕组施加电压(V)	300	—

四、试验仪器

FLUKE 1550C 绝缘电阻测试仪 No. 3593019,HDBP-Y5 多倍频感应耐压测试仪 No. 1402089

五、试验依据

电力设备预防性试验规程 DL/T 596—2021、南水北调泵站工程管理规程(试行)NSBD16—2012

六、试验结论:(1)所试项目合格;(2)试验项目二、三数据与往年比较无异常变化。

F.6 10 kV 电流互感器试验报告

工程名称________站　试验性质　预试　天气____　温度____℃　湿度____%	____年____月____日

一、铭牌数据

型　　号	—	电 流 比	—
准确等级	—	额定输出	—
出厂编号	—	—	—
出厂日期	—	制 造 厂	—

二、绝缘电阻(MΩ)(标准:绝缘电阻无异常变化)

测量部位	耐压前			耐压后		
	A	B	C	A	B	C
一次绕组对二次绕组+地	—	—	—	—	—	—
二次绕组对一次绕组+地	—	—	—	—	—	—

三、工频交流耐压　　试验周期 __3__ 年　　下次试验____年

加压部位	试验电压(kV)	试验时间(min)
一次绕组	30	—
二次绕组间	2	—

四、试验仪器

FLUKE 1550C 绝缘电阻测试仪 No. 3593019,GDYD—55M 工频交流耐压试验装置 No. G012014528

五、试验依据

电力设备预防性试验规程 DL/T 596—2021、南水北调泵站工程管理规程(试行)NSBD16—2012

六、试验结论:(1)所试项目合格;(2)试验项目二数据与往年比较无异常变化。

F.7　10 kV 真空断路器试验报告

工程名称________站　试验性质　预试　天气___　温度___℃　湿度___%	___年___月___日

一、铭牌数据

型　　号	—	额定电压	—	额定电流	—
开断电流	—	出厂时间	—	制 造 厂	—
出厂编号	—				

二、导电回路电阻(标准:≤1.1 倍出厂值)

相　　别	A	B	C
电阻值($\mu\Omega$)	—	—	—

三、断路器动特性(标准:$V_{分闸min}$:(30%～65%) U_N;$V_{合闸min}$ 50～80 ms;$T_{分}$、$T_{合}$、不同期、弹跳符合厂家技术文件)

试验周期 __2__ 年　　下次试验___年

最低动作电压(V)	合　闸	—	分　闸	—	
分合闸时间(ms)	合　闸	—	分　闸	——	—
合闸弹跳时间(ms)	A	—	B	—	C	—

四、绝缘电阻(MΩ)(标准:绝缘电阻无异常变化)

开关状态	耐压前			耐压后		
	A	B	C	A	B	C
合　　闸	—	—	—	—	—	—
分　　闸	—	—	—	—	—	—
辅助及控制回路	—			—		

五、交流耐压

开关状态	试验电压(kV)	试验时间(min)
分　　闸	42	1
合　　闸	42	1
辅助及控制回路	2	1

六、试验仪器

JYL 回路电阻测试仪 No. 05130895,FLUKE 1550C 绝缘电阻测试仪 No. 3593019,GDYD-55M 工频交流耐压试验装置 No. G0120155289,HDKC-800 开关动作特性测试仪 No. HN713011

七、试验依据

电力设备预防性试验规程 DL/T 596—2021、南水北调泵站工程管理规程(试行)NSBD 16—2012

八、试验结论:(1)所试项目合格;(2)试验项目二、四数据与往年比较无异常变化。

F.8　10 kV 氧化锌避雷器试验报告

工程名称________　试验性质________　天气____　温度____　湿度____	2020 年 5 月 16 日

一、铭牌数据

型　　号	—	额定电压	—
出厂日期	—	制 造 厂	—
出厂编号	—	—	—

二、绝缘电阻(MΩ)(标准:绝缘电阻无异常变化)

相　　别	A	B	C
绝缘电阻	—	—	—

三、电气特性(标准:$U_{1\,mA}$ 与初测值或制造厂规定值比较变化不大于±5%，$I_{0.75U_{1\,mA}}$ 初值差≤30%或≤50μA)

相　　别	A	B	C
$U_{1\,mA}$ (kV)	—	—	—
$I_{0.75U_{1\,mA}}$ (μA)	—	—	—

四、试验仪器

FLUKE 1550C 绝缘电阻测试 No. 3593019，ZGS-200/2F 直流高压发生器 No. 2021408F

五、试验依据

电力设备预防性试验规程 DL/T 596—2021、南水北调泵站工程管理规程(试行)NSBD 16—2012

六、试验结论:(1)所试项目合格;(2)试验项目二、三数据与往年比较无异常变化。

F.9 10 kV 过电压保护器试验报告

工程名称________站　试验性质　预试　天气____　温度____℃　湿度____%	____年____月____日

一、铭牌数据

型　　号	—	出厂日期	—
制 造 厂	—	出厂编号	—

二、绝缘电阻(MΩ)(标准:绝缘电阻无异常变化)

测量位置	绝缘电阻	测量位置	绝缘电阻
A 对 D+地	—	A 对 B+地	—
B 对 D+地	—	B 对 C+地	—
C 对 D+地	—	C 对 A+地	—

三、工频放电电压(kV)(标准:符合制造厂规定且与初测值比较无明显变化)

加压部位	第一次	第二次	第三次	平均值
A 对 D+地	—	—	—	—
B 对 D+地	—	—	—	—
C 对 D+地	—	—	—	—
A 对 B+地	—	—	—	—
B 对 C+地	—	—	—	—
C 对 A+地	—	—	—	—

四、试验仪器

FLUKE 1550C 绝缘电阻测试仪 No. 3593019,GDYD−55M 工频交流耐压试验装置 No. G0120145289

五、试验依据

电力设备预防性试验规程 DL/T 596−2021、南水北调泵站工程管理规程(试行)NSBD 16−2012

六、试验结论:(1)所试项目合格;(2)试验项目二、三数据与往年比较无异常变化。

F.10　10 kV 高压开关柜及母线试验报告

工程名称________站　试验性质　预试　天气____　温度____℃　湿度____%	____年____月____日

一、绝缘电阻(MΩ)(标准:绝缘电阻≥10 MΩ)

测量位置	耐压前	耐压后
A 对 B+C+地	—	—
B 对 A+C+地	—	—
C 对 B+A+地	—	—

二、工频交流耐压

加压部位	试验电压(kV)	试验时间(min)
A 对 B+C+地	38	1
B 对 A+C+地	38	1
C 对 B+A+地	38	1

三、高压开关柜检查

带电显示装置功能检查	正常	五防功能检查	正常

四、试验仪器

FLUKE 1550C 绝缘电阻测试 No. 3593019,GDYD—55M 工频交流耐压试验装置 No. G0120145289

五、试验依据

电力设备预防性试验规程 DL/T 596—2021、南水北调泵站工程管理规程(试行)NSBD 16—2012

六、试验结论:(1)所试项目合格;(2)试验项目一数据与往年比较无异常变化。

F.11 电缆试验报告

工程名称________站 试验性质 ____ 天气____ 温度____℃ 湿度____%	____年____月____日

一、铭牌数据

电缆名称	型号	额定电压	生产厂家
—	—	—	—
—	—	—	—
—	—	—	—

二、绝缘电阻(MΩ)(标准:绝缘电阻无异常变化)

电缆名称	A对B+C+地		B对A+C+地		C对B+A+地		外护套+内衬层对地	
	耐压前	耐压后	耐压前	耐压后	耐压前	耐压后	耐压前	耐压后
—	—	—	—	—	—	—	—	—
—	—	—	—	—	—	—	—	—
—	—	—	—	—	—	—	—	—

三、串联谐振耐压　　试验周期 必要时

加压部位		试验电压(kV)	试验时间(min)
—	A对B+C+地	—	—
	B对A+C+地	—	—
	C对B+A+地	—	—
—	A对B+C+地	—	—
	B对A+C+地	—	—
	C对B+A+地	—	——
—	A对B+C+地	—	—
	B对A+C+地	—	—
	C对B+A+地	—	——

四、试验仪器

FLUKE1550C绝缘电阻测试仪 No.3593019,HDSR—F 100/104串联谐振试验装置 No.14021848

五、试验依据

电力设备预防性试验规程 DL/T 596—2021、南水北调泵站工程管理规程(试行)NSBD16—2012

六、试验结论:(1)所试项目合格;(2)试验数据与往年比较无异常变化。

F.12 接地电阻测量

工程名称________站 试验性质 预试 天气____ 温度____℃ 湿度____%	____年____月____日

一、接地电阻(Ω)(标准:保护接地电阻≤4 Ω 工作接地电阻≤4 Ω 避雷针接地电阻≤10 Ω)

接地名称	接地电阻	备注
—	—	—
—	—	—
—	—	—
—	—	—
—	—	—
—	—	—

二、试验仪器

FLUKE 1625/KIT 接地电阻测试仪 No 2560348

三、试验依据

电力设备预防性试验规程 DL/T 596—2021、南水北调泵站工程管理规程(试行)NSBD 16—2012

四、试验结论:(1)所试项目合格;(2)试验数据与往年比较无异常变化。

F.13 安全用具试验报告

工程名称________站 试验性质 预试 天气____ 温度____℃ 湿度____%	____年____月____日

一、绝缘杆　　　　试验周期__1__年　下次试验____年____月

额定电压(kV)	交流耐压(kV)	试验时间(min)	数量(支)
10	45	1	—

二、验电器　　　　试验周期__半__年　下次试验____年____月

额定电压(kV)	交流耐压(kV)	试验时间(min)	启动电压(kV)	数量(支)
10	45	1	—	—
110	220	1	—	—

三、绝缘手套　　　　试验周期__半__年　下次试验____年____月

交流耐压(kV)	试验时间(min)	数量(只)
8	1	—

四、绝缘靴　　　　试验周期__半__年　下次试验____年____月

交流耐压(kV)	试验时间(min)	数量(只)
15	1	—

五、接地线　　　　试验周期__1__年　下次试验____年____月

交流耐压(kV)	试验时间(min)	数量(组)
45	1	—

六、接地线　　　　试验周期__1__年　下次试验____年____月

交流耐压(kV)	试验时间(min)	数量(组)
45	1	—

七、试验仪器

GDYD-55M 交直流工频耐压试验装置 No. G0120145289

八、试验依据

电力安全工器具预防性试验规程 DL/T 1476—2015、南水北调泵站工程管理规程(试行)NSBD 16—2012

九、试验结论:所试项目合格

F.14 变压器油质试验报告

工程名称________站　试验性质　预试　天气____　温度____℃　湿度____%	____年____月____日

一、铭牌数据

油牌号		取样位置	

二、试验数据

测试参数		本体	标准
水溶性酸 pH 值		—	≥4.2
酸值(mgKOH/g)		—	≤0.1
闪点(闭口)(℃)		—	≥135
绝缘强度(kV)		—	≥35
$\tan\delta$(90℃)		—	≤4
体积电阻率(90℃)(Ω·m)		—	$\geqslant 5\times 10^{9}$
微水(mg/L)		—	≤40
界面张力(mN/m)		—	≥25
气相色谱分析	氢气(μL/L)	—	≤150
	甲烷(μL/L)	—	包含于总烃
	乙烷(μL/L)	—	包含于总烃
	乙烯(μL/L)	—	包含于总烃
	乙炔(μL/L)	—	≤5
	总烃(μL/L)	—	≤150
	一氧化碳(μL/L)	—	无具体要求
	二氧化碳(μL/L)	—	无具体要求
外　　观		透明,无杂质或悬浮物	

三、试验仪器

JBS 全自动闭口闪点测试仪 No. 13052002046,JY6611 全自动油介电强度测试仪 No. 10110229,JDC-1A 全自动绝缘油介损及电阻率测试仪 No. 13041101013,BSC-2 绝缘油酸值自动测试仪 No. 12032001199,CA-21 微量水分测定仪 No. C3M70123,JS-3 水溶性酸测试仪 No. 13123001062,中分 2000A 气相色谱仪 No. 13031164

四、试验依据

电力设备预防性试验规程 DL/T 596—2021、南水北调泵站工程管理规程(试行)NSBD 16—2012

五、试验结论:(1)所试项目合格;(2)试验数据与往年比较无异常变化。

F.15 机务油油质试验报告

工程名称________站　试验性质　预试　天气____　温度____℃　湿度____%	____年____月____日

一、铭牌数据

油牌号		取样位置	

二、试验数据

试验项目		上油缸	下油缸
外　观		—	—
运动黏度 40 ℃(mm^2/s)		—	—
闪点(开口)℃		—	—
抗乳化性 min		—	—
泡沫性 ml/ml	24 ℃	—	—
	93.5 ℃	—	—
	后 24 ℃	—	—
机械杂质		—	—
水分(mg/L)		—	—
合格标准		46# 透平油运动黏度在 41.4～50.6;闪点≥180 ℃;抗乳化性≤30 min;泡沫性 24 ℃≤500 ml/ml,93.5 ℃≤50 ml/ml,后 24 ℃≤500 ml/ml;水分≤100 mg/L。	

三、试验仪器

JW-1 透平油运动粘度测试仪,JKS 开口闪点仪,PMP01 润滑油抗泡沫特性测试仪,PS2H03 润滑油抗乳化测试仪,CA-21 微量水分测定仪 No. C3M70123

四、试验依据

电厂运行中汽轮机油质量 GB/T 7596—2008

五、试验结论:(1) 所试项目合格。(2) 试验数据与往年比较无异常变化。

F.16　110 kV 主变差动微机保护装置试验报告

工程名称＿＿＿＿站　试验性质　预试　天气＿＿　温度＿＿℃　湿度＿＿%	＿＿年＿＿月＿＿日

一、正常运行情况检查

型 号		装置编号		开关量输入回路检验	
制造厂		外观检查		二次回路绝缘	
上电检查		逆变电源检查		与自动化系统配合检验	
安装位置					

二、系统定值

高压侧 CT		低压侧 CT	
PT		—	—
Ieh		Iel	

三、模数变换系统检验(<±2.5%)

回路名称	零点漂移	标准值	采样值	回路名称	零点漂移	标准值	采样值
I_A		5.00 A		I_a		5.00 A	
I_B		5.00 A		I_b		5.00 A	
I_C		5.00 A		I_c		5.00 A	

四、差动速断校验(Ieh=、Iel=)

相别	整定值(A)	动作值(A)	整定时间(ms)	动作时间(ms)	动作情况
I_A					
I_B	$8Ie=19.39$		0		跳闸
I_C					

五、比率差动校验

整定值	差动电流启动值 $I_{cdqd}=$　　A，比率差动制动系数 $K=$					
A	高压侧电流 I_A (A)					
	低压侧电流 I_a (A)					
	差动电流 I_d (Ie)					
	制动电流 I_r (Ie)					
	斜率：					
B	高压侧电流 I_B (A)					
	低压侧电流 I_b (A)					
	差动电流 I_d (Ie)					
	制动电流 I_r (Ie)					
	斜率：					

（续表）

整定值	差动电流启动值 $I_{cdqd}=$ A，比率差动制动系数 $K=$					
C	高压侧电流 I_C（A）					
	低压侧电流 I_c（A）					
	差动电流 I_d（Ie）					
	制动电流 I_r（Ie）					
	斜率：					
动作情况	跳闸					

六、二次谐波制动系数校验（系数最大误差<5%）

整定值	二次谐波制动系数：
基波电流	（3倍差动启动值）
二次谐波电流	
谐波含有率（制动系数）	
制动系数误差	

七、CT门槛报警（0.15Ie）

整定值（A）	动作值（A）	整定时间（s）	动作时间（s）	动作情况

八、整组联动试验

试验项目	试验结果	备注
整组试验		

九、试验仪器

PW4361E继电保护测试仪 No.120140102

十、试验依据

继电保护和电网安全自动装置检验规程 DL/T 995—2016

十一、试验结论：所试项目合格

F.17　110 kV 主变后备微机保护装置试验报告

工程名称________站　试验性质　预试　天气____　温度____℃　湿度____%	____年____月____日

一、正常运行情况检查

型 号		装置编号		开关量输入回路检验	
制造厂		外观检查		二次回路绝缘	
上电检查		逆变电源检查		与自动化系统配合检验	
安装位置					

二、系统定值

CT		PT	
零序 CT		零序 PT	

三、模数变换系统检验(<±2.5%)

回路名称	零点漂移	标准值	采样值	回路名称	零点漂移	标准值	采样值
U_A		57.74 V		A121		5.00 A	
U_B		57.74 V		B121		5.00 A	
U_C		57.74 V		C121		5.00 A	
—	—	—	—	I_0		1.00 A	
—	—	—	—	U_0		100.00 V	

四、复压闭锁过流Ⅰ段校验

复合电压	低电压(过流已动作)	整定值(V)		校验值(V)	
	负序过压(过流已动作)	整定值(V)		校验值(V)	
过流(复合电压已动作)	相别	整定值(A)	动作值(A)	整定时间(s)	动作时间(s)
	A121				
	B121				
	C121				
动作情况		跳闸			

五、复压闭锁过流Ⅱ段校验

复合电压	低电压(过流已动作)	整定值(V)	校验值(V)
	负序过压(过流已动作)	整定值(V)	校验值(V)

（续表）

过流（复合电压已动作）	相别	整定值(A)	动作值(A)	整定时间(s)	动作时间(s)
	A121				
	B121				
	C121				
动作情况		跳闸			

六、过流段Ⅵ校验

相别	整定值(A)	动作值(A)	整定时间(s)	动作时间(s)	动作情况
A121					跳闸
B121					
C121					

七、过负荷校验

整定值(A)	动作值(A)	整定时间(s)	动作时间(s)	动作情况

八、零序过流Ⅰ段校验

整定值(A)	动作值(A)	整定时间(s)	动作时间(s)	动作情况

九、零序过压校验

整定值(V)	动作值(V)	整定时间(s)	动作时间(s)	动作情况

十、整组联动试验

试验项目	试验结果	备注
整组试验		

十一、试验仪器

PW4361E 继电保护测试仪 No. 120140102

十二、试验依据

继电保护和电网安全自动装置检验规程 DL/T 995—2016

十三、试验结论：所试项目合格

F.18　110 kV 主变非电量微机保护装置试验报告

工程名称________站　试验性质　预试　天气___　温度___℃　湿度___%	___年___月___日

一、铭牌数据

型 号		制造厂		用 途	

二、非电量保护

保护名称	重瓦斯跳闸	本体轻瓦斯	有载轻瓦斯	油温高	压力释放
动作情况					

三、试验仪器

PW4361E 继电保护测试仪 No. 120140102

四、试验依据

继电保护和电网安全自动装置检验规程 DL/T 995—2016

五、试验结论：所试项目合格

F.19 10 kV 进线微机保护装置试验报告

工程名称______站 试验性质 预试 天气____ 温度____℃ 湿度____%	____年____月____日

一、正常运行情况检查

型 号		装置编号		开关量输入回路检验	
制造厂		外观检查		二次回路绝缘	
上电检查		逆变电源检查		与自动化系统配合检验	
安装位置					

二、系统定值

CT		PT	

三、模数变换系统检验(<±2.5%)

回路名称	零点漂移	标准值	采样值	回路名称	零点漂移	标准值	采样值
A603		57.74 V		A421		5.00 A	
B603		57.74 V		B421		5.00 A	
C603		57.74 V		C421		5.00 A	

四、过流Ⅰ段校验

相别	整定值(A)	动作值(A)	整定时间(ms)	动作时间(ms)	动作情况
A421					
B421					
C421					

五、过流Ⅱ段保护

相别	整定值(A)	动作值(A)	整定时间(s)	动作时间(s)	动作情况
A421					
B421					
C421					

六、过负荷校验

相别	整定值(A)	动作值(A)	整定时间(s)	动作时间(s)	动作情况
A421					
B421					
C421					

七、整组联动试验

试验项目	试验结果	备注
整组试验		

八、试验仪器

PW4361E 继电保护测试仪 No. 120140102

九、试验依据

继电保护和电网安全自动装置检验规程 DL/T 995—2016

十、试验结论:所试项目合格

F.20　10 kV 站变微机保护装置试验报告

工程名称________站　试验性质　预试　天气____　温度____℃　湿度____%	____年____月____日

一、正常运行情况检查

型 号		装置编号		开关量输入回路检验	
制造厂		外观检查		二次回路绝缘	
上电检查		逆变电源检查		与自动化系统配合检验	
安装位置					

二、系统定值

CT		PT	
零序 CT		—	—

三、模数变换系统检验(<±2.5%)

回路名称	零点漂移	标准值	采样值	回路名称	零点漂移	标准值	采样值
A600		57.74 V		A411		5.00 A	
B600		57.74 V		B411		5.00 A	
C600		57.74 V		C411		5.00 A	
—	—	—	—	I_0		1.00 A	

四、过流Ⅰ段校验

相别	整定值(A)	动作值(A)	整定时间(ms)	动作时间(ms)	动作情况
A411					
B411					
C411					

五、过流Ⅱ段校验

相别	整定值(A)	动作值(A)	整定时间(s)	动作时间(s)	动作情况
A411					
B411					
C411					

六、过负荷校验

整定值(A)	动作值(A)	整定时间(s)	动作时间(s)	动作情况

七、零序过流Ⅰ段校验

整定值(A)	动作值(A)	整定时间(s)	动作时间(s)	动作情况

八、低电压校验

整定值(V)	动作值(V)	整定时间(s)	动作时间(s)	动作情况

九、非电量保护

保护名称	超温跳闸
动作情况	

十、整组联动试验

试验项目	试验结果	备注
整组试验		

十一、试验仪器

PW4361E 继电保护测试仪 No. 120140102

十二、试验依据

继电保护和电网安全自动装置检验规程 DL/T 995—2016

十三、试验结论:所试项目合格

F.21　10 kV 主机微机保护装置试验报告

工程名称______站　试验性质　预试　天气____　温度____℃　湿度____%	____年____月____日

一、正常运行情况检查

型　号		装置编号		开关量输入回路检验	
制造厂		外观检查		二次回路绝缘	
上电检查		逆变电源检查		与自动化系统配合检验	
安装位置					

二、系统定值

CT		PT	
零序 CT		Ie	
电机启动时间		—	—

三、模数变换系统检验(<±2.5%)

回路名称	零点漂移	标准值	采样值	回路名称	零点漂移	标准值	采样值
A431		5.00 A		A600		57.74 V	
B431		5.00 A		B600		57.74 V	
C431		5.00 A		C600		57.74 V	
A441		5.00 A		I_o		1.00 A	
B441		5.00 A		—	—	—	—
C441		5.00 A		—	—	—	—

四、过流Ⅰ段校验

相别	整定值(A)	动作值(A)	整定时间(ms)	动作时间(ms)	动作情况
A431					
B431					
C431					

五、过流Ⅱ段校验

相别	整定值(A)	动作值(A)	整定时间(s)	动作时间(s)	动作情况
A431					
B431					
C431					

六、过负荷校验

相别	整定值(A)	动作值(A)	整定时间(s)	动作时间(s)	动作情况
A431					
B431					
C431					

七、低电压校验

整定值(V)	动作值(V)	整定时间(s)	动作时间(s)	动作情况

八、零序过流Ⅰ段校验

整定值(A)	动作值(A)	整定时间(s)	动作时间(s)	动作情况

九、负序过流Ⅰ段校验

整定值(A)	动作值(A)	整定时间(s)	动作时间(s)	动作情况

十、负序过流Ⅱ段校验

整定值(A)	动作值(A)	整定时间(s)	动作时间(s)	动作情况

十一、差动速断校验

相别	整定值(A)	动作值(A)	整定时间(ms)	动作时间(ms)	动作情况

十二、比率差动校验

<table>
<tr><td>整定值</td><td colspan="6">差动电流启动值：I_{cdqd} = ，制动系数：K =</td></tr>
<tr><td rowspan="3">A</td><td>差动电流 I_d (A)</td><td></td><td></td><td></td><td></td><td></td></tr>
<tr><td>制动电流 I_r (A)</td><td>2</td><td>4</td><td>6</td><td>8</td><td>10</td></tr>
<tr><td colspan="6">斜率：</td></tr>
<tr><td rowspan="3">B</td><td>差动电流 I_d (A)</td><td></td><td></td><td></td><td></td><td></td></tr>
<tr><td>制动电流 I_r (A)</td><td>2</td><td>4</td><td>6</td><td>8</td><td>10</td></tr>
<tr><td colspan="6">斜率：</td></tr>
<tr><td rowspan="3">C</td><td>差动电流 I_d (A)</td><td></td><td></td><td></td><td></td><td></td></tr>
<tr><td>制动电流 I_r (A)</td><td>2</td><td>4</td><td>6</td><td>8</td><td>10</td></tr>
<tr><td colspan="6">斜率：</td></tr>
<tr><td>动作情况</td><td colspan="6">跳闸</td></tr>
</table>

十三、整组联动试验

试验项目	试验结果	备注
整组试验		—

十四、试验仪器

PW4361E 继电保护测试仪 No. 120140102

十五、试验依据

继电保护和电网安全自动装置检验规程 DL/T 995—2016

十六、试验结论：所试项目合格

F.22 电流互感器伏安特性试验报告

工程名称______站 试验性质 预试 天气___ 温度___℃ 湿度___%	___年___月___日

一、CT-VA 特性(与上年相比无明显变化)

编号	电压等级	回路名称	电压(V) / 倍数 / 相别		1 A	2 A	3 A	4 A	拐点	
									(A)	(V)
1	110 kV	主变差动	I_A	×1						
			I_B	×1						
			I_C	×1						
2	10 kV	主变差动	I_a	×1						
			I_b	×1						
			I_c	×1						
3	110 kV	主变后备	A121	×1						
			B121	×1						
			C121	×1						
4	10 kV	进线保护	A421	×1						
			B421	×1						
			C421	×1						
5	10 kV	站变保护	A411	×1						
			B411	×1						
			C411	×1						
6	10 kV	1#机保护	A431	×1						
			B431	×1						
			C431	×1						
7	10 kV	1#机保护	A441	×1						
			B441	×1						
			C441	×1						

二、试验仪器

JYH—Ⅲ互感器综合特性测试仪 No. 09080015

三、试验依据

继电保护和电网安全自动装置检验规程 DL/T 995—2016

四、试验结论:所试项目合格

F.23 智能仪表校验报告

工程名称________站 试验性质 预试 天气____ 温度____℃ 湿度____%	____年____月____日

一、铭牌数据

用途	三相多功能智能仪表	安装位置		精度	
型号		电压比		厂家	
编号					

二、校验记录

校验参数	标准指示值						最大误差%
电流(A)	实际校验值	I_A					
		I_B					
		I_C					
校验参数	标准指示值						最大误差%
电压(V)	实际校验值	U_{AB}					
		U_{BC}					
		U_{CA}					
校验参数	标准指示值						最大误差%
有功功率(kW)	实际校验值						
校验参数	标准指示值						最大误差%
无功功率(kVar)	实际校验值						
校验参数	标准指示值						最大误差%
视在功率(kVA)	实际校验值						
校验参数	标准指示值						最大误差%
功率因数(cosΦ)	实际校验值	超前					
		滞后					
校验参数	标准指示值						最大误差%
频率(Hz)	实际校验值						
调修摘要	—						

三、试验仪器

ZTR-812B 三相交直流仪表校验装置 No. 20131105

四、试验依据

电测量指示仪表检验规程 SD 110—83、南水北调泵站工程管理规程(试行)NSBD 16—2012

五、试验结论:所试项目合格

F.24 指针式仪表校验报告

工程名称________站　试验性质　预试　天气____　温度____℃　湿度____%	____年____月____日

一、铭牌数据

序 号	编　号	型　号	量　程	精度	制造厂	用途	安装位置
1							
2							
3							
4							
5							
6							

二、校验记录

序号	校验结果					
1	标准值(A)					最大误差%
	实际值(A)					
	1. 机械平衡:合格　2. 变差试验:合格　3. 回零试验:合格					
2	标准值(V)					最大误差%
	实际值(V)					
	1. 机械平衡:合格　2. 变差试验:合格　3. 回零试验:合格					
3	标准值(mV)					最大误差%
	实际值(mV)					
	1. 机械平衡:合格　2. 变差试验:合格　3. 回零试验:合格					
4	标准值(A)					最大误差%
	实际值(A)					
	1. 机械平衡:合格　2. 变差试验:合格　3. 回零试验:合格					
5	标准值(V)					最大误差%
	实际值(V)					
	1. 机械平衡:合格　2. 变差试验:合格　3. 回零试验:合格					
6	标准值(mV)					最大误差%
	实际值(mV)					
	1. 机械平衡:合格　2. 变差试验:合格　3. 回零试验:合格					
调修摘要	—					

三、试验仪器

ZTR-812B 三相交直流仪表校验装置 No. 20131105

四、试验依据

电测量指示仪表检验规程 SD 110—83、南水北调泵站工程管理规程(试行)NSBD 16—2012

五、试验结论:所试项目合格

附录 G　总体布置

G.1　组织网络

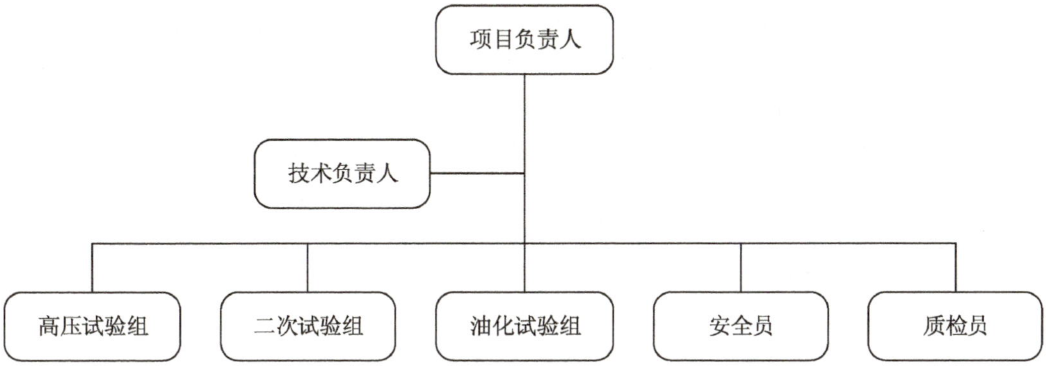

图 G.1　组织网络图

G.2　岗位职责

G.2.1　项目负责人

（1）项目负责人是泵站公司在该试验项目的代理人，代表公司对该项目全面负责。

（2）在该项目中代表公司履行有关技术、工程进度、现场管理、质量检验、结算与支付等方面工作。

（3）负责试验项目的组织实施和人员的安排协调工作，深入施工现场，处理矛盾，解决问题。

（4）主持制订项目的施工组织设计、质量计划及总体计划。

（5）搞好项目现场管理和精神文明建设，关心施工人员生活，确保安全生产，保障施工人员人身、财产的安全。

（6）做好项目的基础管理工作，保证各文件、资料、数据等信息准确及时地传递和反馈，及时进行项目结算、清算。

G.2.2　技术负责人

（1）在项目负责人的领导下，对本项目技术、质量管理工作全面负责，组织贯彻现场管理单位的施工要求及相关的电气试验技术规程。

（2）负责组织本项目各专业技术难题攻关，研究试验现场的技术问题，排查和解决试验故障。

（3）主持本项目工作范围的施工方案的编制和修改工作。

（4）针对本项目对施工人员进行技术交底。

（5）负责整理、收集本项目技术文件资料、试验记录资料。

G.2.3　质检员岗位

（1）在项目负责人领导下，根据施工组织设计编制项目质量计划和试验工作计划。

(2) 全面负责项目质量监督检查。

(3) 负责检查、鉴定试验项目实施过程中试验方法及设备使用是否符合相关规程和规范的要求。

(4) 对由于质检工作疏漏、失职造成的工程质量事故承担责任。

(5) 加强与现场管理单位负责人的联系,搞好试验与质量检测工作。

G. 2. 4　安全员

(1) 在项目负责人领导下,负责该项目安全管理工作。

(2) 贯彻执行有关工程质量、安全生产的方针、政策,各种规章制度及各项标准。

(3) 贯彻执行《电力安全工作规程　发电厂和变电站电气部分》(GB26860—2011)要求。

(4) 经常督促、检查技术操作规程执行情况,对违章作业进行监督改进。

(5) 深入项目现场检查安全情况,发现问题及时提出改进意见并向项目负责人反映。

G. 2. 5　高压试验组

(1) 负责本专业组各项试验项目施工工作。

(2) 负责专业组之间的协调和配合工作。

(3) 组织本专业组试验方案的研究和制定工作。

(4) 负责本专业组试验现场的组织、协调、技术和安全工作。

(5) 负责组织本专业组研究试验现场的技术问题,排查和解决试验故障。

(6) 负责组织本专业组技术资料的编写、审核和存档工作。

(7) 协助继电保护及仪表校验试验组完成相关试验工作。

G. 2. 6　二次试验组

(1) 负责本专业组各项试验项目施工工作。

(2) 负责专业组之间的协调和配合工作。

(3) 负责本专业组试验方案的研究和制定工作。

(4) 负责本专业组试验现场的组织、协调、技术和安全工作。

(5) 负责组织本专业组研究试验现场的技术问题,排查和解决试验故障。

(6) 负责组织本专业组技术资料的编写、审核和存档工作。

(7) 协助高压试验组完成相关试验工作。

G. 2. 7　油化试验组

(1) 负责本专业组各项试验项目施工工作。

(2) 负责本专业组试验方案的研究和制定工作。

(3) 负责本专业组试验现场的组织、协调、技术和安全工作。

(4) 负责组织本专业组研究试验现场的技术问题,排查和解决试验故障。

(5) 负责组织本专业组技术资料的编写、审核和存档工作。

G. 3　工作制度

G. 3. 1　安全制度

G. 3. 1. 1　工作票制度

(1) 为保证安全工作条件和设备的安全运行,试验人员在进行试验时,必须执行工作票制度。

(2) 第一种(或第二种)工作票的签发人,应由项目所在工程的所长、技术负责人担任,项目负责人签字时应注意:工作票是否必要和可行;工作票上所填的安全措施是否正确和完善;所派工作人员是否合乎工作的性质和要求。

(3) 项目负责人应正确和安全地组织工作,并随时注意试验人员在工作中是否遵守安全规程。

(4) 试验结束后项目负责人将工作票退回注销,停止运行的试验设备在工作票未注销以前不得投入运行。

G.3.1.2　试验安全制度

为了保证工作人员在现场试验中的安全和健康,泵站电气设备的安全运行,必须严格执行相关安全规定。现场工作负责人负责试验方案的制定及现场工作协调联络和监督。

(1) 进入试验现场,试验人员必须戴安全帽,穿绝缘鞋。

(2) 为保证人身和设备安全,在进行绝缘电阻或直流试验后应对被试品充分放电。

(3) 在进行高压试验时,应有专人在试验场地周围监护,严禁非试验人员进入试验场地。

(4) 测量前应断开所有的连接,并应有明显断开点。

(5) 现场试验工作必须执行工作票制度,工作许可制度,工作监护制度,工作间断、转移和终结制度。

(6) 在现场进行试验工作时,试验人员应注意保持与带电体的安全距离不小于安全规程中规定的距离。

(7) 试验现场应装设遮栏或围栏,悬挂“止步,高压危险!”的标示牌,严禁非试验人员进入试验场地。

(8) 试验器具的金属外壳应可靠接地,试验仪器与设备的接线应牢固可靠。

(9) 工作中如需使用梯子等登高工具时,应做好防止高空坠落的安全措施。

(10) 试验装置的电源开关,应使用具有明显断开点的双极刀闸,并有可靠的过载保护装置。

(11) 开始试验前,负责人应对全体试验人员详细说明在试验区应注意的安全事项。

(12) 试验过程应有人监护并呼唱,试验人员在试验过程中注意力应高度集中,防止异常情况的发生。当出现异常情况时,应立即停止试验,查明原因后,方可继续试验。

(13) 耐压试验时,变更接线或试验结束后,应首先将调压器回零,然后断开电源。

(14) 试验应在天气良好的情况下进行,遇雷雨大风等天气应停止试验。

(15) 直流泄漏电流试验过程中,如发现泄漏电流随时间急剧增长或有异常放电现象时,应立即停止试验,并断开电源,将被测变压器绕组接地,充分放电后,再进行检查。

(16) 做耐压试验时,加压前必须认真检查试验接线,表计倍率、量程,通知有关人员离开被试设备;加压时,必须将被测设备从各方面断开,验明无电压,确实保证设备无人工作。在加压过程中,试验人员应精力集中,操作人应站在绝缘垫上。

(17) 试验结束后,试验人员应拆除试验临时接地线,对被试设备进行检查,并清理现场。

G.3.2 电气试验工作制度

G.3.2.1 现场管理制度

(1) 试验部根据试验任务编制试验计划，并安排实施。

(2) 现场试验工作由管理单位向泵站公司提出申请，泵站公司指定有关人员到现场调查，若试验条件满足则实施试验计划，不具备试验条件则通知管理单位待条件具备后进行试验。

(3) 试验负责人应根据试验计划，组织有关试验人员熟悉有关图纸和技术资料及有关标准、规程、规范，编写试验调试方案，对于特殊设备要编制试验实施细则。

(4) 试验人员协同仪器仪表管理人员，准备试验所需的仪器仪表设备、试验工具材料、测试记录及试验报告，装在电气试验车上，运至试验现场。

(5) 试验仪器存放在通风良好、干燥的房间里。

(6) 现场试验应选择天气晴朗的日子进行。温、湿度应在被试品和试验仪器说明书要求的范围内，每项试验从开始到结束都应注意环境条件的变化并做记录。

(7) 试验应严格按照有关试验标准及试验实施细则进行。

(8) 试验前后均应检查确认被试品、测试仪器的状态，并做记录。

(9) 进行高压试验采用的绝缘工具必须经过试验合格后方可使用。

(10) 现场试验完毕后，试验人员应清点所有试验仪器、仪表、设备，用电气试验车运回基地，会同仪器仪表管理人员检查入库，将原始记录、试验报告存档管理，由试验负责人写就现场试验总结。

(11) 试验负责人应对试验人员填写的试验原始记录和试验报告进行审核，由主管领导审批签发后送有关单位。

(12) 受检单位如果对试验报告有异议，按异议处理规定办理。

G.3.2.2 现场电气试验工作预控措施

(1) 严格遵守电气试验安全制度，加强试验现场安全监护，严禁单人进行高压绝缘项目试验。

(2) 电源线的敷设应防止重物碾压和油污浸蚀，严禁带电拆接电源线；使用合格的拉线电源盘，漏电保护器应能可靠动作。

(3) 试验仪器操作前，必须检查试验仪器和被试电气设备的保护接地及工作接地是否良好。

(4) 严格遵守规章制度，试验人员应借助梯子登高，登高人员要挂安全带，仪器、工具用绳索上下传递，梯下人员要戴安全帽。

(5) 进行设备耐压试验时，需在试验现场进行清场，清除无关人员，高压设备室保持无人状态，防护人员到位，设置围栏，围栏上应悬挂“止步，高压危险！”标志牌，拉好警戒带，禁止无关人员闯入带电试验区域，保证试验人员与防护人员通信畅通，遇到紧急情况能迅速达到停止试验的目的。电缆试验时，电缆两端均应设置围栏专人防护并保证两端人员通信良好。

(6) 耐压试验完毕以后，需对被试品接地并进行充分放电，防止被试品残余电压对设备和人员造成危害。

G.3.2.3 工作开始前与结束后的检查程序

(1) 工作开始前，应指定专人对被试品进行检查，确认其外观质量及工作状态，并记录检查情况。

(2) 人员对试验的环境条件进行检查并做好记录。

(3) 人员对仪器设备的技术性能进行检查,并做好记录。

(4) 工作结束后,全部试验数据应进行复核,确认无误后才允许对被测件做检后处理。

(5) 工作结束后,应指定专人对试验仪器设备的技术状态、被试品的状态、环境条件进行检查并记录。

G.3.2.4 工作中出现异常情况时的处理程序

(1) 在工作中出现异常情况,应立即停止试验,认真分析原因,找出问题所在根源,待问题处理后再恢复测试。

(2) 因外界干扰而中断测试的,凡影响测试质量的,测试工作应重新开始,并将情况记录备查。

(3) 因仪器设备故障而中断试验的,可用相同的或满足测试要求的代用仪器设备重新试验。

(4) 在测试过程中,发生仪器、设备损坏或人身伤亡事故时应立即切断电源,抢救伤亡人员并注意保护现场,待事故查清并采取预防措施后方可重新测试。

G.3.2.5 为保证试验工作质量而规定的措施

(1) 试验所用全部仪器、设备应经计量检定(送检或自检)合格。

(2) 试验工作应以有关标准、规范为依据,严格按照产品技术标准中规定的试验方法或试验实施细则进行。

(3) 试验人员应经考试合格,获得资质证书。参加每项试验工作的人员不得少于两人,由试验人员读数,记录人员复诵记录,以防止在数据传送过程中发生差错。

(4) 在试验过程中出现的边缘数据应重复测量三次。

(5) 在试验过程中出现下列情况之一时,应停止试验工作,对被测件、试验仪器、设备的工作状态及安装状态、试验环境条件进行详细检查,确认无误后,才允许开始试验,发生的问题应记录备查;可重复试验的项目应进行校核(按一定比例重复试验)。

① 首次测量超差;

② 首次测量被测件损坏;

③ 重复试验数据散布太大。

G.4 硬件配置

表 G.1 电气试验设备配置表

序号	名称	型号
1	直流电阻测试仪	JYR(10C)
2	回路电阻测试仪	JYL
3	绝缘电阻测试仪	FLUKE 1550C
4	绝缘电阻测试仪	3125
5	接地电阻测试仪	FLUKE 1625/KIT

（续表）

序号	名称	型号
6	高压开关试验电源箱	GDGK-602
7	交直流工频耐压试验装置	GDYD-55M
8	遥控放电保护球隙	GDFQ-100
9	SF_6微水测量仪	GDWS-Ⅱ
10	自动抗干扰介损仪	AI-6000D
11	直流高压发生器	ZGS-200/2F
12	串联谐振耐压试验装置	HDSR-F100/104
13	开关动作特性测试仪	HDKC-800
14	雷击计数器校验仪	ZGS-J2
15	三相交直流指示仪表校验装置	ZRT-812B
16	微机继电保护测试仪	PW4361E
17	电容电感测试仪	GD-600S
18	互感器综合测试仪	GDHG-106B
19	微量水分测定仪	CA-21
20	绝缘油酸值测试仪	BSC-2
21	绝缘油介损及体积电阻率测试仪	JDC-1A
22	水溶性酸测试仪	JS-3
23	闭口闪点测试仪	PSF03
24	绝缘油介电强度测试仪	PS-1003
25	界面张力测试仪	ZL203
26	气象色谱分析仪	2000A
27	透平油运动黏度测试仪	JW-1
28	开口闪点仪	JKS
29	润滑油抗泡沫特性测试仪	PMP01
30	润滑油抗乳化测试仪	PS2H03

表G.2　电气试验工器具配置表

序号	名称	型号/尺寸/品牌
1	梅花扳手	10、14、17、19
2	棘轮扳手	
3	呆扳手	
4	组合起	

(续表)

序号	名称	型号/尺寸
5	端子起	
6	警告带	
7	安全帽	
8	安全隔离栅	
9	相色带	3M
10	绝缘胶带	3M
11	高压线	
12	套筒扳手	世达
13	电动扳手	博世
14	鳄鱼夹	
15	短接线	
16	手推车	
17	纱线手套	

G.5 工作流程

G.5.1 项目流程

电气试验项目实施的流程,详见图 G.2

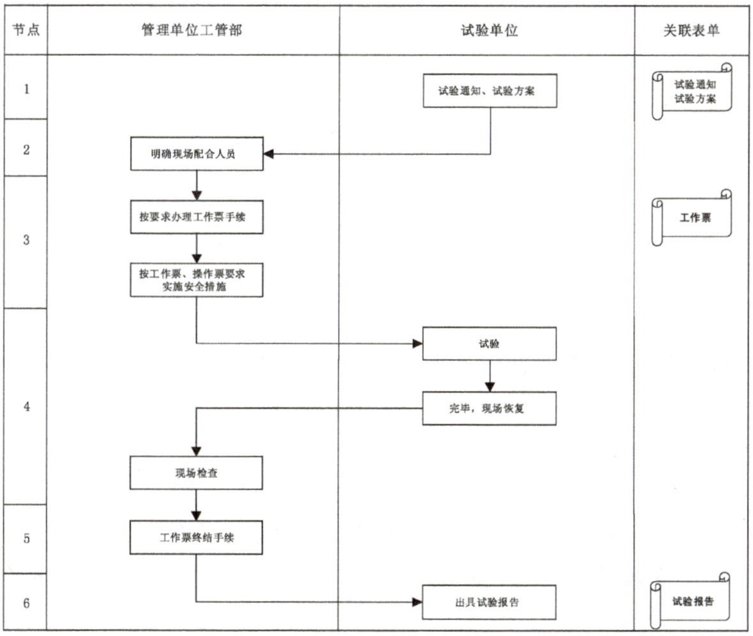

图 G.2 电气试验作业流程图

G.5.2　流程说明

南水北调泵站主要任务为调水运行，因此电气试验的时间应安排在每年非运行期，并尽量保持1年的试验周期。电气试验在良好无雨的天气条件下进行，环境温度不应低于5℃，空气相对湿度不应高于80%。

G.5.3　工作程序

电气试验项目管理依照泵站技术公司试验项目实施管理细则执行，这里所指的工作程序是指试验工作具体实施过程的流程，详见图G.3。

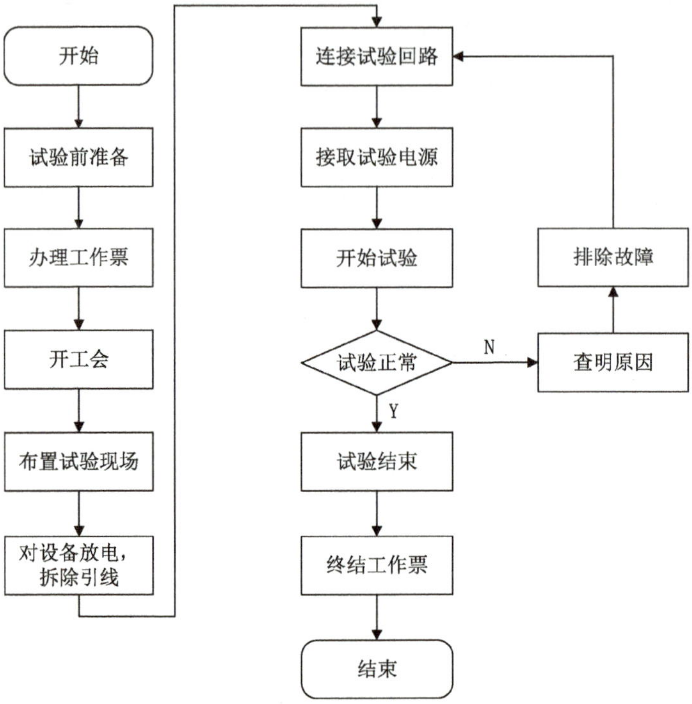

图G.3　电气试验作业流程图

(1) 人员配备

项目负责人、技术负责人、专责监护人(现场安全员)、试验员。

(2) 工作准备

① 制定试验方案；

② 准备试验仪器、设备和所需工器具、材料、劳动防护用品，并确认设备状况良好，且在校准有效期内。

③ 查阅被试设备技术资料和历史试验记录。

(3) 办理开工手续

填写第一、第二种工作票，执行工作许可制度，会同工作许可人检查安全措施，明确带电设备位置和隔离措施，证明检修设备确无电压后在工作票上分别确认、签名。

(4) 开工会

宣读工作票，交代工作内容、人员分工、带电部位和安全措施，布置试验工作中的安全注意事项，检查工作人员精神状态和着装（安全帽、绝缘鞋、工作服）是否符合安全要求。

布置试验现场仪器、工具，摆放布局合理，试验现场装设围栏，悬挂警告牌，派人看守出入口。

（5）拆解待试设备电气连接

对待试设备进行放电接地，然后拆除待试设备所有电气接线，断开与主回路的电气连接。

（6）试验接线

由工作负责人监护，先将仪器接地，再连接试验回路，接线完成后由工作负责人复查。

（7）试验电源接取

① 试验装置低压回路应加装过载自动跳闸装置。

② 接取时，先测量电压是否正确，然后断开电源开关并确认无电压后接取。

③ 接线后应测量线盘插座电压，并检查漏电保安器是否正常动作。

（8）试验操作

① 所有无关人员撤离试验区域，封闭隔离围栏出入口。试验人员与被试设备保持安全距离。

② 试验过程由工作负责人监护试验人员操作，现场安全员监护安全。停送电及升压过程严格执行呼唱制度。记录人员应详细准确地记录试验数据。

③ 试验过程中如发生异常，应立即停止试验，待查明原因并排除故障后，重新开始试验。

④ 试验结束后断开电源，对被试品放电，然后拆除或变更试验接线。

（9）工作终结

① 审查试验结果，明确试验结论。

② 清理现场，恢复被试设备初始状态，并由工作负责人检查后召开收工会。

③ 全体工作人员撤离，工作负责人与运行人员验收，交代发现问题、试验结果，并办理工作票终结手续。

G. 5. 4　安全要求

为了保证人员和设备在试验过程中的安全，必须严格执行《电力安全工作规程　发电厂和变电站电气部分》(GB 26860—2011)及相关安全规定。

（1）进入试验现场，试验人员必须戴安全帽，穿绝缘鞋。

（2）为保证人身和设备安全，在进行绝缘电阻或直流试验后应对被试品充分放电。

（3）在进行高压试验时，应有专人在试验场地周围监护，严禁非试验人员进入试验场地。

（4）测量前应断开所有的连接，并应有明显断开点。

（5）现场试验工作必须执行工作票制度，工作许可制度，工作监护制度，工作间断、转移和终结制度。

（6）在现场进行试验工作时，试验人员应注意保持与带电体的安全距离不小于安全规程中规定的距离（如表 G. 4 所示）。

表 G.4 电气安全距离

电压(kV)	距离(m)
10	0.7
35	1.0
110	1.5
220	3.0

(7) 试验现场应装设遮栏或围栏，悬挂“止步，高压危险！”的标示牌，严禁非试验人员进入试验场地。

(8) 试验器具的金属外壳应可靠接地，试验仪器与设备的接线应牢固可靠。

(9) 工作中如需使用梯子等登高工具时，应做好防止高空坠落的安全措施。

(10) 试验装置的电源开关，应使用具有明显断开点的双极刀闸，并有可靠的过载保护装置。

(11) 开始试验前，负责人应对全体试验人员详细说明在试验区应注意的安全事项。

(12) 试验过程应有人监护并呼唱，试验人员在试验过程中注意力应高度集中，防止异常情况的发生。当出现异常情况时，应立即停止试验，查明原因后，方可继续试验。

(13) 耐压试验时，变更接线或试验结束后，应首先将调压器回零，然后断开电源。

(14) 试验应在天气良好的情况下进行，遇雷雨大风等天气应停止试验。

(15) 直流泄漏电流试验过程中，如发现泄漏电流随时间急剧增长或有异常放电现象时，应立即停止试验，并断开电源，将被测变压器绕组接地，充分放电后，再进行检查。

(16) 做耐压试验时，加压前必须认真检查试验接线，表计倍率、量程，通知有关人员离开被试设备；加压时，必须将被测设备从各方面断开，验明无电压，确实证明设备无人工作。在加压过程中，试验人员应精力集中，操作人应站在绝缘垫上。

(17) 试验结束后，应拆除试验临时接地线，检查被试设备和清理现场。